# 新特优园林观赏植物的应用

任全进　曹　斌　金　海　许文雅　　　著

魏　伟　于金平　王华进

东南大学出版社

SOUTHEAST UNIVERSITY PRESS

·南京·

# 内 容 提 要

　　本专著是在总结作者多年来从事国内外新特优植物的引种驯化工作，并结合自己参与多项国家、地方园林绿化建设项目的实践基础上撰写而成的。专著精选了一批观赏价值高、适应性广的新特优园林植物来进行推广栽种，以期真正达到增强园林景观特色、丰富园林景观营造植物素材的多样性、提升园林绿化景观美化目的。

　　本专著精选了 200 多种（含种下等级）新特优园林植物，每种植物首先从其中文名、拉丁名及科属来进行介绍，然后再对植物的形态特征、生长习性、观赏价值、园林应用等特性逐一进行简介，并附有植物彩照，提升了专著的可读性。

　　本专著可供园林景观设计、施工和管理专业工作者参考，也可供园林植物爱好者阅读。

图书在版编目（CIP）数据

　　新特优园林观赏植物的应用 / 任全进等著 . — 南京：
东南大学出版社，2022.10
　　ISBN 978-7-5766-0261-6

　　Ⅰ.①新… Ⅱ.①任… Ⅲ.①园林植物 – 观赏植物
Ⅳ.① S68

中国版本图书馆 CIP 数据核字（2022）第 183124 号

责任编辑：陈　跃　　封面设计：顾晓阳　　责任印制：周荣虎

**新特优园林观赏植物的应用**
Xin-Te-You Yuanlin Guanshang Zhiwu De Yingyong

著　　　者：任全进等
出版发行：东南大学出版社
社　　址：南京市四牌楼 2 号　邮　　编：210096　电　　话：025-83793330
网　　址：http://www.seupress.com
电子邮件：press@seupress.com
经　　销：全国各地新华书店
印　　刷：合肥精艺印刷有限公司
开　　本：787 mm × 1092 mm　1/16
印　　张：16.5
字　　数：422 千
版　　次：2022 年 10 月第 1 版
印　　次：2022 年 10 月第 1 次印刷
书　　号：ISBN 978-7-5766-0261-6
定　　价：260.00 元

# 《新特优园林观赏植物及应用》编委会

**主　　任：**任全进（江苏省中国科学院植物研究所）

**副 主 任：**曹　斌（江苏杞林生态环境建设有限公司）

金　海（常熟古建园林股份有限公司）

许文雅（江阴市市政园林管理中心）

魏　伟（棕榈生态城镇发展股份有限公司）

**委　　员：**王华进（苏州基业生态园林股份有限公司）

于金平（江苏省中国科学院植物研究所）

侯焗琪（江苏省中国科学院植物研究所）

周冬琴（江苏省中国科学院植物研究所）

丰柳春（江苏省中国科学院植物研究所）

吴丹丹（南通市园林绿化管理处）

葛玲玲（南通市园林绿化管理处）

张睦瀚（安徽省现代农业工程设计研究院江苏分院）

**主要著者：**任全进　曹　斌　金　海　许文雅　魏　伟
于金平　王华进

**其他著者：**周冬琴　侯焗琪　丰柳春　吴丹丹　葛玲玲
周济人　张睦瀚　滕孝名

# 前　　言

随着社会发展，人民的生活水平不断提高，人们的审美观念也在不断地更新，对生活环境提出了新的设想，尤其对园林绿化、美化也提出了更高、更新的要求，这些理念突出表现在对园林植物种类多样化、景观多元化需求更多。平时人们在欣赏景观时，更迫切希望在园林中能欣赏到品种众多、观赏效果好、新特优的植物，并从中汲取更多的植物知识。随着科学技术和经济的快速发展，城市绿化在城市建设和发展中的地位、作用更为突出，在改善生态环境、优化人居环境中的不可替代性受到高度关注。我国植物资源十分丰富，可用于城市绿化的植物较多。但是，在实际应用中，由于多方面原因，应用于城市绿化的植物种类相对较少，部分地区植物景观较单调，地域特征不显著，有些地方栽培植物品种的选择和应用出现了多样性、科学性不足等问题，甚至存在盲目性。

国土绿化是"十四五"国家发展战略计划重要组成部分，城市绿化建设则是城市现代化建设的重要内容。搞好城市绿化，对于改善城市生态环境和景观环境，提高人民群众生活质量，促进城市经济社会的可持续发展都具有直接的重要作用。从事植物研究及园林绿化相关工作的人员要积极投身到生态文明建设之中，科学合理选择和配置城市绿化植物，增加屋顶及垂直绿化，提高道路绿化带、河道绿化带、街头游园、公园、居住区绿化带等公共绿地的质量和品位，让广大人民真正享受到绿化建设成果。

本书著者在实践的基础上，推荐了一批观赏效果好、适应性广的新特优园林植物，以期为增强园林景观特色、丰富园林景观营造植物素材的多样性提供强有力的理论和技术支撑。

任全进

江苏省中国科学院植物研究所

2022 年 5 月

# 目录 CONTENTS

## 柽柳 柽柳科柽柳属

**Tamarix chinensis**

◆形态特征：乔木或灌木。老枝直立，暗褐红色，光亮；幼枝稠密细弱，常开展而下垂，红紫色或暗紫红色，有光泽；嫩枝繁密纤细，悬垂。叶鲜绿色。总状花序。花期4—9月，果期6—10月。

◆生长习性：喜光，耐高温，耐寒，耐干旱，耐水湿，耐盐碱。

◆观赏价值：枝条细柔，姿态婆娑，颇为美观。

◆园林应用：适植于干旱沙漠和滨海盐土，是防风固沙、改造盐碱地、绿化环境的优良树种之一。

新特优园林观赏植物的应用

## 秤锤树 安息香科秤锤树属 *Sinojackia xylocarpa*

◆形态特征：落叶乔木。嫩枝密被星状短柔毛，灰褐色。叶纸质，叶片倒卵形或椭圆形，顶端急尖，基部楔形或近圆形，边缘具硬质锯齿。总状聚伞花序生于侧枝顶端。花期3—4月，果期7—9月。

◆生长习性：喜生于深厚、肥沃、湿润、排水良好的土壤。不耐干旱、瘠薄。

◆观赏价值：花洁白无瑕、高雅脱俗。果实形似秤锤，极具特色；果序下垂，随风摇曳，具有很高的观赏性。

◆园林应用：适植于庭院、公园、游园等处。

◆形态特征：落叶乔木。树皮黄褐色，浅裂；枝条均呈龙游状扭曲，幼枝有毛或光滑。叶片心形或卵圆形，有光泽，先端尖或钝，基部圆形或心形，边缘具粗锯齿或有时不规则分裂。花单生到果5—6月成熟改为花单性，腋生或生于芽鳞腋内，与叶同时生出；雄花序下垂，密被白色柔毛。聚花果卵状椭圆形，长1—2.5厘米，成熟时红色或暗紫色。花期4—5月，果期5—8月。

◆生长习性：喜光，幼树梢耐阴，喜温暖、湿润，耐寒。

◆观赏价值：枝条扭曲似游龙，树冠宽阔，枝叶茂密，秋季叶色变黄，颇为美观。

◆园林应用：适用于城区、工矿区及"四旁"景观绿化。片植、列植、散植、孤植均宜。

# 垂枝桑 桑科桑属

*Morus alba* 'Pendula'

# 垂珠花 安息香科安息香属

*Styrax dasyanthus*

◆形态特征：落叶乔木。树皮暗灰色或灰褐色；嫩枝圆柱形。叶革质或近革质，倒卵形、倒卵状椭圆形或椭圆形，顶端急尖或钝渐尖。圆锥花序或总状花序顶生或腋生，具多花。花期3—5月，果期9—12月。

◆生长习性：喜光，耐半阴，不择土壤。

◆观赏价值：花优美，果实独特。

◆园林应用：适用于庭院、公园及居住区景观绿化等处。

*Ilex dabieshanensis* **大别山冬青** 冬青科冬青属

◆形态特征：常绿小乔木。树皮灰白色，平滑。叶生于一二年生枝上，叶片厚革质。花黄绿色，未完全展开的花蕾。果近环形或椭圆形。花期3—4月，果期10月。

◆生长习性：喜光，耐阴，耐盐碱，喜湿润环境。

◆观赏价值：四季常青，叶色青翠，果实红艳。

◆园林应用：适植于庭院、公园、居住区的景观绿化等处。

## 大叶冬青 冬青科冬青属

*Ilex latifolia*

◆形态特征：常绿乔木。叶片厚革质，长圆形或卵状长圆形。聚伞花序组成的假圆锥花序生于二年生枝的叶腋内，无总梗；花淡黄绿色，果球形，成熟时红色。花期4月，果期9—10月。

◆生长习性：喜光，较耐寒，耐阴。

◆观赏价值：秋季果实由黄色变为橘红色，挂果期长，十分美观。

◆园林应用：适植于庭院、居住区、公园及游园等处的景观绿化。

◆形态特征: 常绿乔木。小枝灰褐色至黑褐色, 具明显小皮孔。叶片革质, 宽卵形至椭圆状长圆形或宽长圆形。总状花序单生或簇生于叶腋。果实长圆形或卵状长圆形。花期7—10月, 果期冬季。

◆生长习性: 喜光, 耐半阴, 喜湿润环境。

◆观赏价值: 冠形浓密, 树姿优美。

◆园林应用: 适植于公园、游园及居住区等处的景观绿化。

# 杜仲 杜仲科杜仲属 *Eucommia ulmoides*

◆形态特征：落叶乔木。树皮灰褐色，粗糙，内含橡胶，折断拉开有多数细丝。叶椭圆形、卵形或矩圆形，薄革质，基部圆形或阔楔形，先端渐尖。花生于当年枝基部，雄花无花被，雌花单生。花期3—4月，果期5—10月。

◆生长习性：喜温暖湿润气候和阳光充足的环境，耐严寒。

◆观赏价值：枝叶茂密，树干端直，树冠整齐。

◆园林应用：适于作庭荫树和行道树。

## *Acca sellowiana* 菲油果 桃金娘科菲油果属

◆形态特征：常绿小乔木。树皮呈浅灰色；枝节间膨胀，幼时有白毛，枝叶深绿发亮。叶厚革质，对生，椭圆形，叶背面有银灰色的茸毛。花单生或簇生，花形奇特。熟时果肉为黄色。花期5—6月，果期深秋至初冬。

◆生长习性：喜光，喜温暖，耐旱，耐碱。

◆观赏价值：叶常绿，花奇美。

◆园林应用：适植于公园、庭院及游园等。

# 弗吉尼亚栎 壳斗科栎属

*Quercus virginiana*

◆形态特征：常绿乔木。单叶互生，椭圆状倒卵形，表面有光泽，新叶黄绿渐转略带红色，老叶暗绿，背面无毛，灰绿。

◆生长习性：抗风，耐盐碱，耐瘠薄，耐水湿，耐低温，喜沙质土壤。

◆观赏价值：常绿，叶小而靓丽，树干开裂、苍老。

◆园林应用：可作行道树、公园景观树、庭院绿化树等，是滩涂湿地、盐碱地绿化以及沿海防风林建设中不可多得的优良常绿阔叶树种。

*Liquidambar formosana* `Fuluzifeng` **福禄紫枫** 金缕梅科枫香树属

◆形态特征：落叶乔木。树皮灰白色，韧皮部紫红色；小枝紫红色。叶薄革质，阔卵形，掌状三裂，紫红色；托叶线状披针形，紫红色。

◆生长习性：喜温暖湿润气候，喜光，幼树略耐阴，稍耐干旱、瘠薄，不耐水涝。

◆观赏价值：高大挺拔，树冠宽阔浓郁，气势雄伟，秋叶绚烂。

◆园林应用：可作行道树或植于庭院及公园等处。

## 福氏紫薇 千屈菜科紫薇属

*Lagerstroemia fauriei*

◆形态特征：落叶乔木。枝条有脱皮现象，露出新皮为红紫色。嫩叶暗红色，老叶片呈现淡绿色。花白色。花果期6—10月。

◆生长习性：喜光，耐半阴，耐寒，耐旱，耐高温。

◆观赏价值：树姿优美，树皮红色，十分美观。

◆园林应用：适植于道路旁、庭院、公园及游园等处的景观绿化。

*Davidia involucrata* **珙桐** 蓝果树科珙桐属

◆ 形态特征：落叶乔木。树皮深灰色或深褐色，常裂成不规则的薄片而脱落。叶纸质，互生，无托叶，叶片阔卵形或近圆形。花期4月，果期10—11月。

◆ 生长习性：喜半阴和温凉湿润气候，以在空气湿度较高处生长为佳。

◆ 观赏价值：开花时下垂的白色苞片似白鸽群栖树端，形态奇特。

◆ 园林应用：作庭荫树、观赏树。

**拐枣** 鼠李科枳椇属　*Hovenia acerba*

◆形态特征：落叶乔木。小枝褐色或黑紫色。叶互生，厚纸质至纸质，宽卵形、椭圆状卵形或心形。二歧式聚伞圆锥花序顶生和腋生，花两性。浆果状核果近球形。花期5—7月，果期8—10月。

◆生长习性：喜光，抗旱，耐寒，耐较瘠薄。

◆观赏价值：树体高大，果实奇特。

◆园林应用：可作行道树或植于庭院等处。

*Photinia bodinieri*  **贵州石楠** 蔷薇科石楠属

◆形态特征：常绿乔木。幼枝黄红色，后呈紫褐色，老时灰色，有时具刺。叶片革质，基部楔形。果实球形或卵形。花期5月，果期9—10月。

◆生长习性：喜生于温暖湿润、阳光充足的土壤环境。耐寒，耐阴，耐干旱。

◆观赏价值：枝繁叶茂，早春嫩叶绛红，初夏白花点点，秋末赤实累累，艳丽夺目。

◆园林应用：可作行道树或用于庭院、厂矿区绿化等处。

# 光皮树 山茱萸科山茱萸属

*Cornus wilsoniana*

◆形态特征：落叶乔木。树皮灰色至青灰色，块状剥落；小枝圆柱形，深绿色。叶片对生，纸质，先端渐尖或突尖，基部楔形或宽楔形，边缘波状，上面深绿色，下面灰绿色。顶生圆锥状聚伞花序，花小，白色。核果球形。花期5月，果期10—11月。

◆生长习性：喜光，耐寒，喜深厚、肥沃而湿润的土壤。

◆观赏价值：树皮白色带绿，疤块状剥落后形成明显斑纹，十分美观。

◆园林应用：可作行道树或植于庭院、公园等处。

◆形态特征：落叶小乔木。树冠扁球形，枝叶繁盛。厚纸质单叶互生，扁圆形、倒卵形或宽倒卵形，基部圆形或浅心形，叶缘中上部具细圆齿，叶面绿色，光滑，具星状毛。花两性，单生于近枝端叶腋。花期5—8月。

◆生长习性：喜光，对土壤的适应能力强，在酸性、碱性土壤上都能生长良好，耐短期水涝，耐高温，也耐低温。

◆观赏价值：花色金黄，入秋后叶片变红，季相变化明显，是优良的观花观叶园林植物。

◆园林应用：适用于公园、广场绿地、庭院、住宅小区等处的绿化，也是营造花篱、花境的优秀植物材料。

*Hibiscus hamabo* **海滨木槿** 锦葵科木槿属

◆形态特征：落叶小乔木。老枝灰白色，具皮孔。叶片纸质，卵形、卵状椭圆形或三角状卵形，先端渐尖，表面深绿色，背面淡绿色。伞房状聚伞花序顶生或腋生，苞片叶状，花萼蕾时绿白色，后紫红色；花香，花冠白色或带粉红色。核果近球形。花果期6—11月。

◆生长习性：喜阳光，稍耐阴，耐旱，喜温暖湿润的环境。

◆观赏价值：花序大，花果美丽。

◆园林应用：可配置于庭院、山坡、溪边、堤岸、石隙及林下。

## 海州常山 马鞭草科大青属 *Clerodendrum trichotomum*

***Betula nigra*** **河桦** 桦木科桦木属

◆形态特征：落叶乔木。老树干的树皮红褐色，有深沟，裂成凹凸不平密而紧贴的鳞片；上部的树干和枝条平滑。叶楔形，深绿色，有光泽，具不规则的重锯齿，叶背的叶脉被毛。

◆生长习性：喜阳，稍耐阴，喜酸性、肥沃、潮湿的土壤。

◆观赏价值：树皮斑驳，秋季变色，十分美观。

◆园林应用：是优良的观赏树及行道树。

# 黑壳楠 樟科山胡椒属

*Lindera megaphylla*

◆形态特征：常绿乔木。树皮灰黑色。顶芽大，卵形，叶互生，倒披针形至倒卵状长圆形，有时长卵形。伞形花序多花，雄花黄绿色。花期2—4月，果期9—12月。

◆生长习性：喜光，耐半阴，喜温暖湿润气候。

◆观赏价值：四季常青，树干通直，树冠圆整，枝叶浓密，青翠葱郁。

◆园林应用：适植于公园、庭院及居住区等处。

◆形态特征：常绿乔木。树皮灰褐色，小枝紫绿色或绿色。叶革质，披针形，叶片上面深绿色，下面淡绿色；新叶紫红色，逐渐变绿，部分老叶变为红色。花杂性，伞房花序。翅果嫩时紫色，成熟时黄褐色或红褐色。花期3—4月，果期7—9月。

◆生长习性：喜生于温暖湿润及半阴的土壤环境。

◆观赏价值：树冠紧密，姿态婆娑。红色翅果缀满枝头，如万千红蝶游戏树丛，美丽迷人。

◆园林应用：是优美的庭院观赏、绿化、景观树种。

## 红翅槭 槭树科槭属

*Acer fabri*

## 红豆杉 红豆杉科红豆杉属 *Taxus wallichiana var. chinensis*

◆形态特征：常绿乔木。树皮灰褐色、红褐色或暗褐色。叶排列成两列，条形，微弯或较直，上面深绿色，有光泽，下面淡黄绿色，有两条气孔带。雄球花淡黄色。花期2—3月，果熟期10—11月。

◆生长习性：喜阴，耐旱，抗寒。

◆观赏价值：高大挺拔，四季常青，秋季果实累累，十分美观。

◆园林应用：适植于公园、游园及居住区。

## 红豆树 豆科红豆属

*Ormosia hosiei*

◆形态特征: 常绿乔木。树皮灰绿色，平滑；小枝绿色，幼时有黄褐色细毛，后变光滑。奇数羽状复叶。圆锥花序顶生或腋生，下垂；花冠白色或淡紫色，旗瓣倒卵形，花柱紫色。荚果近圆形，扁平。花期4—5月，果期10—11月。

◆生长习性: 喜湿，耐阴，喜光，较耐寒。

◆观赏价值: 树姿优雅，树冠浓荫。

◆园林应用: 可作庭荫树、行道树和风景树。

# 红楠 樟科润楠属 *Machilus thunbergii*

◆形态特征：常绿乔木。叶片先端短突尖或短渐尖，尖头钝，基部楔形，革质，上面黑绿色，下较淡，带粉白。花序顶生或在新枝上腋生，多花。果扁球形，果梗鲜红色。花期2月，果期7月。

◆生长习性：喜光，喜温，喜湿。

◆观赏价值：树冠、枝簇紧凑优美，自然分层明显，枝叶浓密，四季常青，观赏效果好。

◆园林应用：可作庭荫树、行道树、风景树。

# 红茴香 八角茴香科八角属

*Illicium henryi*

◆形态特征：常绿乔木。树皮灰褐色至灰白色。叶互生或2~5片簇生，革质，倒披针形，长披针形或倒卵状椭圆形。花粉红至深红、暗红色，腋生或近顶生，单生或2~3朵簇生。花期4—6月，果期8—10月。

◆生长习性：喜阴湿，不耐旱，耐瘠薄，较耐寒。

◆观赏价值：树姿优美，花美观。

◆园林应用：适植于庭院、公园等处。

# 红千层 桃金娘科红千层属 *Callistemon rigidus*

◆形态特征：落叶小乔木。树皮坚硬；嫩枝有棱。叶片坚革质，线形，先端尖锐。穗状花序生于枝顶；花瓣绿色，雄蕊鲜红色，花药暗紫色。蒴果半球形。花期6—8月。

◆生长习性：喜温暖湿润气候，耐高温，较耐寒，耐瘠薄。

◆观赏价值：花形奇特，色彩鲜艳美丽，开放时满树红花，十分优美。

◆园林应用：适植于公园、庭院及街边绿地。

# 猴欢喜 杜英科猴欢喜属

**Sloanea sinensis**

◆形态特征：常绿乔木。叶薄革质，常为长圆形或狭窄倒卵形，先端短急尖，叶柄无毛。花多朵簇生于枝顶叶腋，花瓣白色。花期9—11月，果期翌年6—7月。

◆生长习性：喜阴，耐湿，宜生长于深厚土壤。

◆观赏价值：树形美观，四季常青，满树红果，生机盎然，非常可爱。

◆园林应用：在园林中可以孤植、丛植、片植，亦可与其他观赏树种混植，可栽植于假山、台地或池塘边，也可栽植于庭院。

# 厚朴 木兰科厚朴属 *Houpoea officinalis*

◆形态特征：落叶乔木。叶大，近革质，先端具短急尖或圆钝，基部楔形，全缘而微波状。花白色，芳香。聚合果长圆状卵圆形。花期5—6月，果期8—10月。

◆生长习性：喜光，喜凉爽湿润的环境。

◆观赏价值：叶大荫浓，花大美丽，果形优美。

◆园林应用：适用于庭院、公园及"四旁"景观绿化等处。

◆ 形态特征：常绿灌木或小乔木。枝粗壮，极叉开。叶片厚革质，长椭圆形、卵形或倒卵形，先端圆钝至稍锐尖，基部楔形，全缘或有疏生钝锯齿。圆锥花序顶生，果实球形。花期4—5月，果期8—9月。

◆ 生长习性：喜温暖湿润的气候，不耐严寒，性喜光，但也较耐荫，为中性偏阳树种。

◆ 观赏价值：树形优美，色彩丰富。

◆ 园林应用：适植于公园、风景区、生态农业观光园、庭院，可用于草坪点缀、园林置景。

*Rhaphiolepis umbellata* **厚叶石斑木** 蔷薇科石斑木属

# 花榈木 豆科红豆属

*Ormosia henryi*

◆形态特征：常绿乔木。树皮灰绿色，平滑，有浅裂纹；小枝、叶轴、花序密被茸毛。奇数羽状复叶；小叶革质，椭圆形或长圆状椭圆形，先端钝或短尖，基部圆或宽楔形。花期7—8月，果期10—11月。

◆生长习性：喜光，耐半阴，喜温暖湿润环境，耐寒。

◆观赏价值：四季常青，树形优美。

◆园林应用：适植于庭院、公园、居住区等处。

# 花叶梣叶槭 槭树科槭属

*Acer negundo* var. *variegatum*

◆形态特征：落叶乔木。树皮深黄色；1年生枝条淡绿色，多年生枝条深黄色。羽状复叶；小叶纸质，椭圆形，先端渐尖，基部呈楔形，边缘具齿。雄花花序呈伞状，下垂；花小，淡黄色，先叶开花，雌雄异株。花期4—6月，果期8—9月。

◆生长习性：喜阳，较耐寒，耐旱。

◆观赏价值：彩叶植物，色彩别具一格。

◆园林应用：适植于公园、居住区、游园等处。

## 辉煌女贞 木樨科女贞属

*Ligustrum lucidum* `Excelsum Superbum`

◆形态特征：常绿乔木。叶大，有光泽，卵形，亮绿色，具浅绿色斑点，边缘奶黄色；春季新叶粉红色，后慢慢转为金边，冬季霜降后，金色部分变为红色。花小，管状，白色，夏末至初秋开放。

◆生长习性：喜光，耐半阴，耐水湿，亦耐干旱。

◆观赏价值：叶观赏效果极佳，春季粉红色，后转为金边，冬季霜降后变为红色。

◆园林应用：适植于庭院、居住区、公园绿地及游园等处。

◆形态特征: 常绿乔木。树皮灰色或灰褐色，平滑；幼枝灰绿色。叶对生，叶片革质，长椭圆形，稀卵状椭圆形或披针形，先端渐尖形，具尖尾，上面深绿色，下面灰绿色。头状花序球形。果序球形，成熟时红色。花期6—7月，果期10—11月。

◆生长习性: 喜半阴，对土壤要求不严。

◆观赏价值: 为观花、观果、观红叶树种。

◆园林应用: 适用于学校、工厂、公园、公路绿化。

# 金钱松 松科金钱松属

*Pseudolarix amabilis*

◆形态特征：落叶乔木。树干通直，树冠宽塔形；树皮粗糙，灰褐色，裂成不规则的鳞片状块片；枝平展。叶片条形，在长枝上呈螺旋状散生，在短枝上簇生，秋后变金黄色，圆如铜钱，因此而得名。雄球花黄色，圆柱状，下垂；雌球花紫红色，直立，椭圆形。花期4月，球果10月成熟。

◆生长习性：喜生于温暖、多雨、土层深厚、肥沃、排水良好的酸性土山区。

◆观赏价值：叶在短枝上簇生，辐射平展成圆盘状，似铜钱，深秋叶色金黄，极具观赏性。

◆园林应用：适植于公园、庭院、居住区及游园等处。

*Fraxinus chinensis* `Aurea` **金叶白蜡** 木樨科梣属

◆形态特征：落叶乔木。树皮淡黄褐色。小叶卵状椭圆形，尖端渐尖，基部狭，不对称，缘有波状齿；嫩叶金黄，后逐渐变为黄绿色。花萼钟状，无花瓣。花期3—5月。

◆生长习性：耐干旱，耐瘠薄，耐盐碱，耐寒。

◆观赏价值：树形优美，嫩叶金黄。

◆园林应用：作行道树及栽植于公共绿地等处。

## 金叶含笑 木兰科含笑属 *Michelia foveolata*

◆形态特征：常绿乔木。枝、顶芽及叶背有银灰色茸毛。叶片大。花淡黄色，有香气。聚合果。花期4—5月，果期10—11月。

◆生长习性：喜光，耐半阴，耐寒，耐干旱。

◆观赏价值：花朵密集，花苞硕大，花色洁白，花香浓郁。

◆园林应用：作城市行道树及用于厂矿区的绿化。

**巨紫荆** 豆科紫荆属

*Cercis gigantea*

◆形态特征：落叶乔木。大树树皮呈灰黑色，有纵裂纹；新枝暗紫绿色。单叶互生，薄革质，心形或近圆形，全缘；幼叶紫红色，成叶绿色，叶柄红褐色。总状花序；花先叶开放，簇生于老枝上，花冠紫红色，似彩蝶。荚果条形，呈紫红色。花期3—4月，果期10月。

◆生长习性：喜光，耐寒，耐旱，耐盐碱，不耐水涝。

◆观赏价值：树姿优美，花多而美丽。

◆园林应用：是优良的行道树，也可列植、丛植于建筑周围。

◆形态特征：落叶乔木。树皮暗灰色。单叶互生，叶片卵状长椭圆形，金黄色，先端尖，基部稍歪，边缘有不规则单锯齿。花于叶腋排成簇状。翅果近圆形。花期3—4月，果期4—6月。

◆生长习性：喜光，耐寒，耐旱，喜干凉气候，耐干旱、瘠薄和盐碱土，不耐水湿。

◆观赏价值：树干通直，树形高大，叶色亮黄，是优美的城乡绿化彩叶树种。

◆园林应用：可作行道树、庭阴树等处。

**金叶榆** 榆科榆属 *Ulmus pumila* 'Jinye'

## *Cupressus glabra* 'Blue Ice' 蓝冰柏 柏科柏木属

◆形态特征：常绿乔木。株形垂直，枝条紧凑，整体呈圆形或圆锥形。鳞叶小，蓝色或蓝绿色，小枝四棱形或圆柱形。雌雄同株；球花单生枝顶。球果翌年成熟，球形或近球形。

◆生长习性：耐干旱，耐瘠薄，喜疏松、湿润、排水较好的土壤。

◆观赏价值：株形垂直，枝条紧凑且整洁，整体呈圆锥形、迷人的霜蓝色，高雅脱俗。

◆园林应用：可孤植、片植或列植，作园景树及行道树。

# 榔榆 榆科榆属

*Ulmus parvifolia*

◆形态特征：落叶乔木。树干基部有时呈板状根；树皮灰色或灰褐，裂成不规则鳞状薄片剥落。叶质地厚，披针状卵形或窄椭圆形。翅果椭圆形或卵状椭圆形。花果期8—10月。

◆生长习性：喜光，耐干旱，在酸性、中性及碱性的土壤上均能生长。

◆观赏价值：树形优美，姿态潇洒，树皮斑驳，枝叶细密。

◆园林应用：可作行道树或植于庭院、居住区及游园等处。

## 连香树 连香树科连香树属

*Cercidiphyllum japonicum*

◆ 形态特征：落叶大乔木。树皮灰色或棕灰色。生于短枝上的叶近圆形、宽卵形或心形，生于长枝上的叶椭圆形或三角形，先端圆钝或急尖，基部心形或截形，边缘有圆钝锯齿。雄花常4朵丛生；雌花2~6(8)朵丛生。蓇葖果荚果状。花期4月，果期8月。

◆ 生长习性：中度喜光，中度喜温，喜湿。

◆ 观赏价值：树体高大，树姿优美，叶形奇特。

◆ 园林应用：适植于公园、居住区及游园等处。

## 流苏树 木樨科流苏树属 *Chionanthus retusus*

◆形态特征：落叶小乔木。单叶对生，叶片椭圆形或长圆形，全缘，近革质。雌雄异株；圆锥花序生于侧枝顶端；花冠白色。核果椭圆形，蓝黑色。花期3—6月，果期6—11月。

◆生长习性：喜光，不耐荫蔽，耐寒，耐旱，忌积水，耐瘠薄，对土壤要求不严。

◆观赏价值：树形高大优美，枝叶茂盛，初夏满树白花，如覆霜盖雪，清丽宜人。

◆园林应用：群植、列植或作点缀均具有很好的观赏效果。

**柳叶栎** 壳斗科栎属

*Quercus phellos*

◆形态特征：落叶乔。叶片像柳树的叶子，单叶互生，狭椭圆形或披针形，全缘；叶正面鲜绿色，背面灰白色绒毛。雌雄同株；花单性；雄花黄绿色，簇生在茎叶交叉点。果实近球形。

◆生长习性：喜光，耐湿热，耐盐碱。

◆观赏价值：树体高大，冠大荫浓，秋季叶色变黄。

◆园林应用：可作行道树、庭荫树。

# 美国山核桃  胡桃科山核桃属  *Carya illinoinensis*

◆形态特征：落叶大乔木。奇数羽状复叶，叶柄及叶轴初被柔毛；小叶具极短的小叶柄，顶端渐尖，边缘具单锯齿或重锯齿。雄花成柔荑花序，雌花成直立穗状花序。果实矩圆状或长椭圆形。花期5月，9—11月果成熟。

◆生长习性：喜光，喜温暖湿润气候。

◆观赏价值：树体高大，根深叶茂，树姿雄伟壮丽，秋季叶变色。

◆园林应用：可作行道树和庭荫树，营造风景林，或用于河流沿岸、湖泊周围及平原地区"四旁"景观绿化。

## 娜塔栎 壳斗科栎属

*Quercus nuttallii*

◆形态特征：落叶乔木。树皮灰色或棕色，光滑。叶椭圆形，先端有硬齿，正面亮深绿色，背面暗绿色，有丛生毛；秋季叶亮红色或红棕色。每年11月初叶开始变红，翌年2月落叶。

◆生长习性：喜光，耐寒，耐旱。

◆观赏价值：树形优美，秋季叶变色，十分美观。

◆园林应用：可作行道树，或于庭院、公园等地单植或丛植。

## 南京椴 椴树科椴树属

*Tilia miqueliana*

◆形态特征：落叶乔木。树皮灰白色；嫩枝有黄褐色茸毛；顶芽卵形，被黄褐色茸毛。叶卵圆形。聚伞花序，花序柄被灰色茸毛。花期7月，果期8—10月。

◆生长习性：喜温暖湿润气候，适应能力强，耐干旱瘠薄。

◆观赏价值：叶大荫浓，花香馥郁。

◆园林应用：可作行道树，或用于广场绿化和庭院绿化等处。

## 欧洲椴 椴树科椴树属

*Tilia europaea*

◆形态特征：落叶乔木。叶互生，基部偏斜，有锯齿，稀全缘。聚伞花序；花两性，白色或黄色。坚果或核果。

◆生长习性：喜阳光、温暖湿润的土壤环境。

◆观赏价值：树形挺拔，冠大荫浓，秋季叶变色，十分美观。

◆园林应用：可作行道树、庭荫树。

## 青钱柳 胡桃科青钱柳属 *Cyclocarya paliurus*

◆形态特征：落叶乔木。树皮灰色；枝条黑褐色。奇数羽状复叶长；小叶纸质，长椭圆状卵形至阔披针形，基部歪斜，阔楔形至近圆形，顶端钝或急尖、稀渐尖。雄性葇荑花序。果实扁球形，果实中部围有革质圆盘状翅。花期4—5月，果期7—9月。

◆生长习性：喜光，幼苗稍耐阴，耐旱。

◆观赏价值：树形优美，果实奇特。

◆园林应用：适植于公园、居住区、庭院等处。

*Ilex triflora* 三花冬青 冬青科冬青属

◆形态特征：常绿小乔木。叶片近革质，椭圆形、长圆形或卵状椭圆形，先端急尖至渐尖，基部圆形或钝，边缘具近波状线齿，叶面深绿色。雄花聚伞花序，簇生于当年生或二三年生枝的叶腋内，花白色或淡红色；花萼盘状。果球形，成熟后黑色。花期5—7月，果期8—11月。

◆生长习性：喜光，耐寒，耐旱。

◆观赏价值：株形优美，果实累累。

◆园林应用：适植于公园、庭院及游园等处。

# 山胡椒 樟科山胡椒属 *Lindera glauca*

◆形态特征：落叶小乔木。树皮平滑，灰色或灰白色。叶互生，叶片宽椭圆形、椭圆形、倒卵形到狭倒卵形，上面深绿色，下面淡绿色；叶枯后不落，翌年新叶发出时落下。伞形花序腋生。花期3—4月，果期7—8月。

◆生长习性：喜光，喜水肥，喜酸性土壤。

◆观赏价值：花具有浓郁而持久的香气，开花时美丽雅致。

◆园林应用：适植于公园、庭院及游园等处。

## 山桐子 大风子科山桐子属

*Idesia polycarpa*

◆形态特征：落叶乔木。树皮淡灰色，有明显的皮孔。叶薄革质或厚纸质，卵形或心状卵形，或为宽心形。花单性，雌雄异株或杂性，黄绿色，芳香。浆果成熟期紫红色，扁圆形。花期4—5月，果熟期10—11月。

◆生长习性：喜光，耐寒，喜湿润环境。

◆观赏价值：树形优美，果实长序，结果累累，果色朱红，形似珍珠，风吹袅袅。

◆园林应用：适植于庭院、公园及游园等处。

# 陕西卫矛 卫矛科卫矛属

*Euonymus schensianus*

◆形态特征：落叶乔木。小枝灰褐色，圆柱状，光滑，无翅，稍下垂。叶披针形或窄长卵形。聚伞花序细柔，多集生于小枝顶部，形成多花状。花果期6—10月。

◆生长习性：喜光，稍耐阴，耐干旱，也耐水湿，对土壤要求不严。

◆观赏价值：枝叶茂密，果序悬垂，一串串红色带四翅的果实悬吊在细长黄色的果序柄上，看起来就像金线吊蝴蝶，十分美丽。

◆园林应用：适植于庭院、居住区、公园等处。

◆形态特征：落叶乔木。叶片厚纸质，密生褐黄色茸毛，宽卵形至尖卵状椭圆形，基部近圆形或两侧稍不对称，一侧圆形，一侧宽楔形，叶背密生短柔毛；叶柄较粗壮。果单生叶腋，椭圆形至近球形，金黄色至橙黄色。花期3—4月，果期9—10月。

◆生长习性：喜光，略耐阴，耐寒，耐旱，耐水湿和瘠薄。

◆观赏价值：姿态优美，高大挺拔。

◆园林应用：可作行道树或植于庭院、公园等处。

# 栓叶安息香 安息香科安息香属

*Styrax suberifolius*

◆形态特征：常绿乔木。树皮红褐色或灰褐色，粗糙；嫩枝稍扁，具槽纹，被锈褐色星状绒毛；老枝渐变无毛，圆柱形，紫褐色或灰褐色。叶互生，革质。总状花序或圆锥花序，顶生或腋生。果实卵状球形。花期3—5月，果期9—11月。

◆生长习性：喜阳，喜湿润，可耐干旱、瘠薄。

◆观赏价值：四季常青，树形优美。

◆园林应用：适植于庭院、公园、居住区及游园等处。

## 梭罗树 梧桐科梭罗树属

*Reevesia pubescens*

◆形态特征：常绿乔木。幼枝披星状毛。叶薄革质，椭圆形，先端渐尖或尖，叶背密被星状毛，新叶暗红色。聚伞状伞房花序顶生，花瓣白色或淡红色。花期5—6月，果期10—11月。

◆生长习性：喜阳光充足且温暖的环境，耐半阴，耐湿。

◆观赏价值：白色密花盛开时好似雪盖满树，幽香宜人。

◆园林应用：适植于庭院、公园及居住区等处。

## 台湾含笑 木兰科含笑属

*Michelia compressa*

◆形态特征: 常绿乔木。树皮灰褐色，平滑；腋芽、嫩枝、叶柄及叶片两面中脉被为褐色平伏短毛。叶薄革质，倒卵状椭圆形或狭椭圆形；叶柄无托叶痕。花蕾具金黄色平伏绢毛，花被片淡黄白色。聚合果。花期6—7月，果期10—11月。

◆生长习性: 喜阳光、湿润的环境。

◆观赏价值: 四季常青，树姿优美，花香气淡雅。

◆园林应用: 可作行道树或植于庭院、公共绿地等处的绿化。

◆形态特征：常绿乔木。枝条细弱，圆柱形，几无毛，红色或红褐色，具香气。叶近对生或在枝条上部者互生，卵圆状长圆形至长圆状披针形。聚伞花序。果呈圆形。花期4—5月，果期7—9月。

◆生长习性：喜阳光、温暖湿润的气候，抗污染。

◆观赏价值：四季常青，树姿优美，观赏价值高。

◆园林应用：可作行道树和庭院观赏树。

天竺桂 樟科樟属

*Cinnamomum japonicum*

## 狭叶山胡椒 樟科山胡椒属

*Lindera angustifolia*

◆形态特征: 落叶灌木或小乔木。叶互生，椭圆状披针形，上面绿色无毛，下面苍白色，羽状脉。伞形花序。雄花序有花3~4朵，雌花序有花2~7朵。果球形，成熟时黑色。花期3—4月，果期9—10月。

◆生长习性: 喜光，耐半阴。

◆观赏价值: 叶色优美，株形饱满。

◆园林应用: 适植于公园、居住区及游园等处。

# 香港四照花 山茱萸科山茱萸属

*Cornus hongkongensis*

◆形态特征：常绿乔木。树皮深灰色或黑褐色，平滑。叶对生，薄革质至厚革质，椭圆形至长椭圆形，稀倒卵状椭圆形。头状花序球形。果序球形，果成熟时黄色或红色。花期5—6月，果期11—12月。

◆生长习性：喜光，较耐寒，耐阴，喜温暖湿润的环境。

◆观赏价值：为彩叶、观花、观果树种。

◆园林应用：适植于庭院、公园、居住区及游园等处。

◆形态特征：落叶乔木。树皮赭褐色；小枝圆柱形。叶纸质，卵形、椭圆形或长圆椭圆形，顶生的小叶片基部楔形或阔楔形。聚伞花序有长柔毛，常仅有3花；花淡黄色，杂性，雄花与两性花异株；花丝无毛，花药黄色。花期4月，果期9月。

◆生长习性：喜阳，亦能耐阴，耐水湿和干旱，耐寒。

◆观赏价值：树皮色彩奇特，观赏价值极高。

◆园林应用：适植于庭院、公园及游园等处。

# 盐麸木 漆树科盐麸木属

*Rhus chinensis*

◆形态特征：落叶乔木。小枝棕褐色。奇数羽状复叶；小叶多形，卵形、椭圆状卵形或长圆形，先端急尖，基部圆形，顶生小叶基部楔形，叶面暗绿色，叶背粉绿色；小叶无柄。圆锥花序；花白色。核果球形，成熟时红色。花期8—9月，果期10月。

◆生长习性：喜光，喜温暖湿润气候，耐寒。

◆观赏价值：秋季色彩丰富，颇为美观。

◆园林应用：适植于公园、路坡、游园等处。

# 野茉莉 安息香科安息香属

*Styrax japonicus*

◆形态特征：落叶乔木。树皮暗褐色或灰褐色，平滑。叶互生，纸质或近革质，椭圆形、长圆状椭圆形至卵状椭圆形，顶端急尖或钝渐尖。总状花序顶生，花白色。花期4—7月，果期9—11月。

◆生长习性：喜阳，耐旱，耐寒。

◆观赏价值：花形优美，果实独特。

◆园林应用：适植于庭院、公园、游园、居住区等处。

## 沼生蓝果树 紫树科蓝果树属

*Nyssa aquatica*

◆ 形态特征：落叶大乔木。单叶互生，卵形，下表面被毛；叶柄长、多毛；叶正面亮绿，反面灰白，秋季红紫色或黄色。花小，淡绿色。核果椭圆形。花期3—4月。

◆ 生长习性：喜光，极耐水湿。

◆ 观赏价值：秋季叶色金黄，果实紫红色。

◆ 园林应用：用于河道旁、湿地绿化及营造水景等处。

# 柘 桑科橙桑属 *Maclura tricuspidata*

◆形态特征：落叶小乔木。树皮灰褐色；小枝无毛，略具棱，有棘刺；冬芽赤褐色。叶片卵形或菱状卵形，先端渐尖，基部楔形至圆形，表面深绿色，背面绿白色。雌雄异株。聚花果近球形，肉质，成熟时橘红色。花期5—6月，果期6—7月。

◆生长习性：喜光亦耐阴，耐寒，耐干旱瘠薄。

◆观赏价值：果实优美，秋季十分美观。

◆园林应用：适植于公园、庭院及驳岸边坡等处。

## 中华槭 槭树科槭属

*Acer sinense*

◆形态特征：落叶乔木。树皮平滑，淡黄褐色或深黄褐色。叶近于革质，基部心形或近于心形，稀截形。花杂性，雄花与两性花同株，多花组成下垂的顶生圆锥花序。翅果淡黄色，常生成下垂的圆锥果序；小坚果椭圆形。花期5月，果期9月。

◆生长习性：耐阴，耐瘠薄。

◆观赏价值：枝条横展，树姿优美。

◆园林应用：适植于庭院、公园及游园等处。

# 中山杉 杉科落羽杉属

*Taxodium* 'Zhongshansha'

◆形态特征：高大落叶乔木。树皮呈长条片状脱落，棕色；枝条水平开展；树冠以圆锥形和伞状卵形为主。叶呈条形，互相伴生。雌雄球花为孢子叶球，异花同株。球果圆形或卵圆形。花期4月下旬，球果成熟期10月。

◆生长习性：喜阳，耐水湿，耐盐碱。

◆观赏价值：树形优美，如宝塔，高大挺拔，叶色墨绿，秋季叶变色，十分壮观美丽。

◆园林应用：可作行道树及用于营造湿地水景、公园绿地绿化等处。

# 竹柏 罗汉松科竹柏属

*Nageia nagi*

◆形态特征：常绿乔木。树皮近于平滑；枝条开展或伸展，树冠广圆锥形。叶对生，革质，长卵形、卵状披针形或披针状椭圆形。雄球花穗状圆柱形，单生叶腋；雌球花单生叶腋，稀成对腋生。花期3—4月，种子10月成熟。

◆生长习性：耐阴，喜湿润气候。

◆观赏价值：枝叶青翠而有光泽，树冠浓郁，树形美观。

◆园林应用：适植于公园、庭院、住宅区。

## 紫楠 樟科楠属

*Phoebe sheareri*

◆形态特征：常绿乔木。叶革质，倒卵形、椭圆状倒卵形或阔倒披针形。圆锥花序顶端分枝。果卵形。花期5—6月，果期10—11月。

◆生长习性：耐阴，喜温暖湿润气候。

◆观赏价值：四季常青，树形端正美观，叶大荫浓。

◆园林应用：可作庭荫树及风景树。

## 紫叶加拿大紫荆 豆科紫荆属

*Cercis canadensis* `Forest Pansy`

◆形态特征：落叶乔木。叶片紫红色，心形或阔卵形，基部楔形。花形状似梨花，玫红色；雌雄同株。花期3—5月，果期6—10月。

◆生长习性：喜阳光充足的环境，耐暑热，也耐寒、耐干旱。

◆观赏价值：为色叶树种，既可观花又可观叶。

◆园林应用：适植于庭院、公园等处，片植、孤植均可。

**矮紫小檗** 小檗科小檗属  *Berberis thunbergii* 'Atropurpurea Nana'

◆形态特征：落叶灌木。叶深紫色或红色，全缘，菱形或倒卵形，在短枝上簇生。花单生或2~5朵成短总状花序，黄色，下垂，花瓣边缘有红色晕纹。浆果红色，宿存。花期4月，果期9—10月。

◆生长习性：耐寒、耐旱，喜光线充足、凉爽湿润的土壤环境，亦耐半阴。

◆观赏价值：春开黄花，秋缀红果，是叶、花、果俱美的观赏花木。

◆园林应用：可作花篱、在园路角隅丛植、用于大型花坛镶边或剪成球形对称状配置，或点缀在岩石间、池畔，亦可制作盆景。

**北美鼠刺** 虎耳草科鼠刺属

*Itea virginica*

◆形态特征：半常绿灌木。小枝下垂。叶互生；叶片春、夏季呈现绿色，秋、冬季呈现鲜红色和橙色。穗状花序顶生；花浅黄色，有蜂蜜香味。花期4—5月。

◆生长习性：耐旱、耐寒，稍耐阴，对土质的要求不严。

◆观赏价值：树形美观，冬季红叶，颇具观赏性。

◆园林应用：可作绿篱，用于营造色块、造型群植或孤植等处。

# 白棠子树 马鞭草科紫珠属

*Callicarpa dichotoma*

◆形态特征：落叶灌木。小枝纤细。叶片倒卵形或披针形。聚伞花序在叶腋的上方着生。花萼杯状，花冠紫色。果实球形，紫色。花期5—6月，果期7—11月。

◆生长习性：性喜光，喜肥沃湿润土壤，耐寒，耐干旱、瘠薄。

◆观赏价值：为观花、观果兼备植物。

◆园林应用：丛植或片植彰显整体美，还可用于点缀假山。

## 滨柃  山茶科柃木属

*Eurya emarginata*

◆形态特征：常绿灌木。嫩枝圆柱形，粗壮，密被短柔毛。叶厚革质，倒卵形或倒卵状披针形，边缘有细锯齿，叶细密，黑绿色，有光泽。花生于叶腋，雌雄异株，白色或淡黄色。浆果扁球形或圆形，黑色。花期10—11月，果期翌年6—8月。

◆生长习性：耐盐碱，抗海风，耐贫瘠，耐干旱。

◆观赏价值：树姿优美；数朵小花生于叶腋，形似小铃铛，非常可爱。

◆园林应用：适用于沿海地区道路绿化、营造花境，也可庭院种植，或盆栽、制作盆景观赏。

## 冰生溲疏  虎耳草科溲疏属

*Deutzia nakaiana* `Nikko`

◆形态特征：落叶灌木，株高0.4~0.6 m，冠幅1.0~1.2 m，呈半球形。枝条密且柔软。单叶对生，披针形，亮绿色，秋天转红色。圆锥花序；小花白色，星形，极繁茂。花期4—5月。

◆生长习性：喜光，稍耐阴，耐寒，抗旱，不择土壤。

◆观赏价值：株形低矮丰满且开花繁茂。

◆园林应用：丛植于草坪、林缘、山坡，也是营造花园和岩石园的良好材料。

◆形态特征：落叶灌木，无明显主干，自然状态下呈灌丛状。树皮灰绿色；嫩枝粉红色，枝条放射状，紧密。叶近对生或对生。花先叶开放。花期5月，果期6月。

◆生长习性：喜水湿，耐干旱，对土壤要求不严。

◆观赏价值：树形优美，枝条盘曲，春季观新叶，夏、秋季叶色亦迷人，是城乡绿化、美化环境的优良树种之一。

◆园林应用：适合成片种植在绿地或道路两旁。

## 彩叶杞柳 杨柳科柳属

*Salix integra* 'Hakuro Nishiki'

◆形态特征：多年生常绿灌木。叶片椭圆状披针形，有红色和黄色斑点。花色白，少见开放。花期8—9月。

◆生长习性：耐阴，抗寒，喜酸性、排水良好、深厚的土壤。

◆观赏价值：一年四季花叶，春季观花，是不可多得的观叶、观花树种。

◆园林应用：适植于公园、庭院及游园等处，可以片植、列植、孤植。

## 长叶木藜芦 杜鹃花科木藜芦属

*Leucothoe fontanesiana*

## 长叶苎麻 荨麻科苎麻属

*Boehmeria penduliflora*

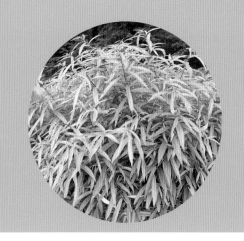

◆形态特征：落叶灌木。小枝多少密被短伏毛，近方形，有浅纵沟。叶对生，叶片厚纸质，披针形或条状披针形，先端长渐尖或尾状。穗状花序通常雌雄异株。花果期5—10月。

◆生长习性：喜光，耐阴，喜湿润环境。

◆观赏价值：株形优美。

◆园林应用：适植于公园、驳岸边坡等处。

◆形态特征：落叶灌木。树皮呈薄片状剥落；小枝中空，红褐色，幼时有星状毛，老枝光滑。叶对生，有短柄；叶片卵形至卵状披针形，顶端尖，基部稍圆，边缘有小锯齿，两面均有星状毛。直立圆锥花序；花白色或带粉红色斑点。花期5—6月，果期10—11月。

◆生长习性：喜光，稍耐阴，喜温暖湿润气候，耐寒，耐旱。

◆观赏价值：初夏白花繁密、素雅。

◆园林应用：丛植于草坪、路边、山坡及林缘，也可作花篱及岩石园种植材料。

## 齿叶溲疏 虎耳草科溲疏属

*Deutzia crenata*

**臭牡丹** 马鞭草科大青属

*Clerodendrum bungei*

◆形态特征：落叶灌木。叶宽卵形或卵形。花淡红色或红色、紫色，有臭味。核果成熟后蓝紫色。花果期5—11月。

◆生长习性：喜阳光充足和湿润的环境，耐寒、耐旱，也较耐阴。

◆观赏价值：顶生紧密头状花序，花朵红色、优美，花期长，是一种非常美丽的园林花卉。

◆园林应用：适植于坡地、林下或树丛旁，也可用于营造花境、作地被植物。

## 大花秋葵 锦葵科木槿属 *Hibiscus grandiflorus*

◆形态特征：落叶灌木状草本。茎粗壮直立，基部半木质化，具有粗壮肉质根。单叶互生，具有叶柄，叶大。花序为总状花序；花大，朝开夕落，单生于枝上部叶腋间，花瓣5枚，有白、粉、红、紫等颜色。花期6—9月，果熟期9—10月。

◆生长习性：喜阳光充足、温暖的环境，耐寒、耐热、耐旱、耐盐碱，对土质的要求不严。

◆观赏价值：花大而色彩多样，十分美丽。

◆园林应用：广泛用于园林绿化，丛植、列植于道路两旁或点缀于草坪，或作为背景植材。

## 大花山梅花　虎耳草科山梅花属

*Philadelphus incanus* `Natchez`

◆形态特征：落叶灌木。单叶对生，叶亮绿色。花大，纯白色，单瓣，单生于枝顶。花期4—5月。

◆生长习性：喜光，稍耐阴，较耐寒，耐干旱。

◆观赏价值：花大而美丽，洁白无瑕。

◆园林应用：适植于花坛、花境，也可用于庭院、公园景观布置。

# 单叶蔓荆 马鞭草科牡荆属

*Vitex rotundifolia*

◆形态特征：落叶灌木。有香味；茎匍匐，节处常生不定根。单叶对生，叶片倒卵形或近圆形，顶端通常钝圆或有短尖头，基部楔形。圆锥花序顶生；花萼钟形，花冠淡紫色或蓝紫色。核果近圆形，成熟时黑色。花期7—8月，果期8—10月。

◆生长习性：喜阳光充足环境，耐旱、耐碱、耐高温。

◆观赏价值：常绿，花紫色，十分优美。

◆园林应用：适植于盐碱地、滩涂及公园等处。

# 地中海荚蒾 忍冬科荚蒾属

*Viburnum tinus*

◆形态特征：常绿灌木。叶片椭圆形，深绿色。聚伞花序；单花小，花蕾粉红色，盛开后白色。果卵形，深蓝黑色。在原产地花期 11 月至翌年 4 月。

◆生长习性：喜光，也耐阴，耐低温，对土质的要求不严，较耐旱。

◆观赏价值：花形优美，花蕾殷红，花开时满树繁花，一片雪白，十分美观。

◆园林应用：可孤植或群植，作树球或庭院树。

## 粉红溲疏 虎耳草科溲疏属

*Deutzia rubens*

◆形态特征：落叶灌木。老枝无毛，红褐色，表皮常片状剥落。叶膜质，长圆形或卵状长圆形，先端急尖，基部阔楔形或近圆形，边缘具细锯齿。伞房状聚伞花序。花期5—6月，果期8—10月。

◆生长习性：喜光，耐寒、耐旱。

◆观赏价值：花色优美，花期长。

◆园林应用：适植于公园、庭院及游园等处。

*Nerium indicum* 'Variegat'  **花叶夹竹桃** 夹竹桃科夹竹桃属

◆形态特征：常绿灌木。枝条灰绿色，嫩枝条具棱。叶轮生，下部枝的叶为对生，窄披针形，顶端急尖，基部楔形，叶缘反卷；叶面深绿，有的叶片全黄，有的叶片黄绿交错。聚伞花序顶生；花冠深红色或粉红色，单瓣或重瓣。果长圆形。花期6—10月。

◆生长习性：喜光阳充沛、湿润的环境。

◆观赏价值：叶片黄绿相间，花大、艳丽，花期长，十分美观。

◆园林应用：适植于公园、庭院、街头、绿地等处。

## 花叶香桃木  桃金娘科香桃木属

*Myrfus communis* 'Variegata'

◆形态特征：常绿灌木。叶芳香，革质，交互对生或3叶轮生，叶片卵形至披针形。花腋生，花色洁白。浆果黑紫色。花期5—6月，果期11—12月。

◆生长习性：喜温暖湿润的气候，喜光，亦耐半阴。

◆观赏价值：常年金黄，色彩艳丽，叶形秀丽。

◆园林应用：适植于庭院、公园及居住区的绿地中，可成片植作绿篱、营造色块。

◆形态特征：落叶灌木。植株紧密。单叶对生，椭圆形或卵圆形，叶缘为白色至黄色。花冠钟形，紫红至淡粉色。蒴果柱形。花期4—5月，果熟期10月。

◆生长习性：喜光，较耐阴、耐旱、耐寒，怕积水。

◆观赏价值：叶色及花色均艳丽多姿，花朵繁茂，是优良的观花、观叶灌木。

◆园林应用：是公园、庭院及游园绿化树种，可用于花篱、景观造景及花境布置。

# 花叶锦带花 忍冬科锦带花属

*Weigela florida* 'Variegata'

## 花叶栀子 茜草科栀子属 *Gardenia jasminoides* 'Variegata'

◆形态特征：常绿灌木。茎灰色，小枝绿色。单叶对生或3叶轮生，叶草质，全缘，倒卵形或矩圆状倒卵形，叶片淡黄绿色，并具绿色块斑。花单生于枝顶或叶腋，白色，具浓香。花期3—7月，果期5月至翌年2月。

◆生长习性：喜疏松、排水良好的微酸性土壤，喜湿润。

◆观赏价值：是集观花、赏叶、香花于一体的观赏植物。

◆园林应用：可孤植、丛植或片植，作球形植物或者花篱均可，亦可盆栽观赏。

## 花叶熊掌木　五加科熊掌木属

*Fatshedera lizei* `Variegata`

◆形态特征：常绿灌木。单叶互生，掌状五裂，叶端渐尖，叶基心形。花小，淡绿色。花期秋季。

◆生长习性：喜半阴环境，耐阴性好，喜温暖和冷凉的环境，喜较高的空气湿度的气候。

◆观赏价值：四季青翠碧绿，叶形奇特，具有很高的观赏价值。

◆园林用途：适用于公园、庭院及游园等绿化，适宜在林下群植。

## 花叶柊树 木樨科木樨属 *Osmanthus heterophyllus* ‘Variegatus’

◆ 形态特征：常绿灌木。叶对生，叶形多变，厚革质，卵形至长椭圆形，先端刺状。花簇生于叶腋，花冠白色。果卵形，蓝黑色。花期 11—12 月，果期翌年 10 月。

◆ 生长习性：弱阳性，喜温暖湿润气候，稍耐寒，生长慢。

◆ 观赏价值：可观花、观叶；入秋百花朵朵，香气弥漫，沁人心脾。

◆ 园林应用：可孤植、片植或与其他树种混植，是公园、庭院、游园和"四旁"绿化的优良材料。

## 花叶络石 夹竹桃科络石属

*Trachelospermum jasminoides* 'Flame'

◆形态特征：常绿木质藤蔓植物。叶对生，具羽状脉。花序聚伞状；花白色或紫色。花期5月。

◆生长习性：喜光，稍耐阴，耐干旱，耐寒，喜湿润环境。

◆观赏价值：叶色丰富多彩，有红叶、粉红叶、纯白叶、斑叶和绿叶，具有很高的观赏价值。

◆园林应用：是极其美丽的地被植物材料，可在城市行道树下隔离带种植或覆盖护坡，亦作室内架台的盆花布景。

# 黄金枸骨 冬青科冬青属

*Ilex × attenuata* 'Sunny Foster'

◆形态特征：常绿灌木。株形狭窄呈金字塔状；树皮棕红色到灰色，平滑。单叶互生，叶革质，有光泽，椭圆形至长椭圆形，新叶金黄色。雌雄异株；聚伞花序腋生；花小，白色。核果亮红色。花期5—6月，果期11—12月。

◆生长习性：喜阳光、半阴的环境，耐盐、耐旱。

◆观赏价值：叶形、树姿奇特，红色果实经久不凋落，颇为美观。

◆园林应用：适用于道路、公园、庭院等绿化。

## 火焰南天竹 小檗科南天竹属

*Nandina domestica* `Firepower`

◆形态特征：常绿小灌木。二回三出复叶，偶尔有羽状复叶；小叶卵形、长卵形或卵状长椭圆形，叶薄革质，先端渐尖，基部楔形；幼叶为暗红色，后变绿色或带红晕，入冬呈红色，红叶经冬不凋；总叶柄较短。圆锥花序直立；花小，白色，芳香。浆果球形，熟时鲜红色。花期3—6月，果期5—11月。

◆生长习性：喜光，喜温暖湿润的气候，对土壤要求不严。

◆观赏价值：株形矮小，枝叶浓密，叶形优美，秋冬叶色艳丽，灿烂夺目。

◆园林应用：适植于庭院、林缘、假山旁、路边、草坪，可营造色块、花境等。

## 黑叶接骨木 忍冬科接骨木属

*Sambucus nigra* `Black Beauty`

◆形态特征：落叶灌木。奇数羽状复叶；小叶椭圆状披针形，端尖至渐尖，基部阔楔形，常不对称，边缘具锯齿。圆锥状聚伞花序顶生；花冠辐状，白色至淡黄色、黑紫色或红色。花期4—5月，果熟期6—7月。

◆生长习性：喜光，耐寒、耐旱。

◆观赏价值：枝叶繁茂，春季白花满树，夏秋红果累累，叶片黑绿色，是良好的观赏灌木。

◆园林用途：适植于草坪、林缘或水边，也可用于营造城市、工厂的防护林。

## 金叶接骨木 忍冬科接骨木属

*Sambucus canadensis* `Aurea`

◆形态特征：落叶灌木。老枝皮孔和茎节都比较明显。奇数羽状复叶对生；小叶5~7枚，椭圆状或长椭圆披针形，边缘具锯齿，先端尖，基部楔形；新叶金黄色，熟后黄绿色。聚伞花序顶生；花小而密，花冠白色。花期5—6月，果期8—9月。

◆生长习性：喜光，也耐阴，耐旱，忌水涝，耐寒性强。

◆观赏价值：叶色金黄，春季白花满树，夏秋红果累累，是良好的观花、观果、观叶植物。

◆园林应用：适植于广场、公园、林缘、草坪边等地处。

## 金叶连翘 木樨科连翘属

*Forsythia suspensa* `Aurea`

◆形态特征：落叶灌木。枝叶直立或伸长，小枝呈褐黄色。单叶对生，叶片卵圆形或椭圆形，顶端锐尖，基部宽楔形，边缘有锐锯齿；叶片在植物的整个生长季为金黄色。花黄色，单生或簇生叶腋，先叶开放。花期3—4月。

◆生长习性：性喜温暖和光照充足的环境，抗旱、抗寒性强，耐瘠薄，对土壤要求不严。

◆观赏价值：先花后叶，叶金黄色，美观。

◆园林应用：适植于公园、庭院、游园及驳岸边坡等处。

◆形态特征：落叶灌木。嫩枝淡红色，老枝灰褐色。叶长椭圆形；整个生长季叶片为金黄色。花鲜红色，繁茂艳丽。花期4月至6月中旬。

◆生长习性：性喜光，抗寒，也较耐干旱，耐污染。

◆观赏价值：叶金黄色，夏初开花，花朵密集，花冠胭脂红色，艳丽而醒目。

◆园林应用：可孤植于庭院的草坪中，也可丛植于路旁，还可用于营造色块。

## 金叶锦带花　忍冬科锦带花属

*Weigela florida* `Rubidor`

## 金叶风箱果 蔷薇科风箱果属 *Physocarpus opulifolius* 'Lutea'

◆形态特征：落叶灌木。枝条黄绿色，老枝褐色，较硬，多分枝。叶互生，三角形，具浅裂，基部广楔形，边缘有复锯齿；叶片生长期金黄色，落前黄绿色。花白色，成顶生伞形总状花序。骨葖果膨大呈卵形，在夏末时呈红色。花期6月，果期7—8月。

◆生长习性：性喜光，耐阴、耐寒、耐旱、耐瘠薄。

◆观赏价值：叶、花、果均有观赏价值。

◆园林应用：可孤植、丛植和带植，适植于庭院观赏，也可作路篱。

◆形态特征：落叶灌木。枝节有锐刺。叶簇生，倒卵圆形或匙形，先端钝尖或圆形，基部急狭成楔形，全缘，叶色金黄亮丽。伞形花序簇生；花黄色。花期3—4月，果期9—10月。

◆生长习性：喜凉爽湿润的环境，耐寒、耐旱、耐半阴、忌积水。

◆观赏价值：叶色金黄，观赏效果好。

◆园林应用：适植于庭院、公园及游园等。

## 金叶小檗 小檗科小檗属

*Berberis thunbergii* 'Aurea'

# 鸡树条 忍冬科荚蒾属

*Viburnum opulus* subsp. *calvescens*

◆形态特征: 落叶灌木。叶片轮廓卵圆形至广卵形或倒卵形，掌状，裂片顶端渐尖，边缘具不整齐粗牙齿，椭圆形至矩圆状披针形而不分裂。复伞形聚伞花序，周围有大型的不孕花；花冠白色。果实红色，近圆形。花期5—6月，果熟期9—10月。

◆生长习性: 稍耐阴，喜湿润环境。

◆观赏价值: 花大而密集，优美壮观；秋叶变红，非常美丽；秋冬红果满枝，景色迷人。

◆园林应用: 适用于道路旁、公园灌丛、墙边及建筑物前绿化。

## 锦鸡儿 豆科锦鸡儿属

*Caragana sinica* Buc'hoz

◆形态特征：落叶灌木。丛生，枝条细长柔软。托叶常为三角形，硬化成针刺。花着生于叶腋，花冠黄色，常带红色，形如飞雀。荚果圆筒状。花期4—5月，果期7月。

◆生长习性：喜光，抗旱，耐贫瘠，忌湿涝。

◆观赏价值：花朵鲜艳耀眼，形如飞雀舞动，颇为好看。

◆园林应用：适植于林缘、路边或建筑物旁，亦可作绿篱或营造花境。

# 假连翘 马鞭草科假连翘属 *Duranta erecta*

◆ 形态特征：常绿灌木。枝条有皮刺。叶对生。总状花序顶生或腋生；花蓝紫色。核果球形，熟时红黄色。花果期5—10月，在南方地区基本上终年都在开花。

◆ 生长习性：喜光，喜温暖湿润气候，抗寒能力较低。

◆ 观赏价值：花蓝紫色，清雅优美。

◆ 园林应用：适于植作绿篱、花廊等处，也可修剪成各种造型，或栽植于花坛、花境。

***Corylopsis sinensis*** **蜡瓣花** 金缕梅科蜡瓣花属

◆形态特征：落叶灌木。嫩枝有柔毛，老枝秃净，有皮孔。叶薄革质，叶片倒卵圆形或倒卵形，有时为长倒卵形，先端急短尖或略钝，边缘有锯齿。总状花序；花黄色。蒴果近圆球形。花期3—4月，果期5—7月。

◆生长习性：喜阳光，也耐阴，较耐寒，喜温暖湿润的环境。

◆观赏价值：先叶开花，花序累累下垂，光泽如蜜蜡，色黄而具芳香，枝叶繁茂，清丽宜人。

◆园林应用：适植于公园、居住区及庭院。

**老鸦柿** 柿科柿属 *Diospyros rhombifolia*

◆形态特征：落叶小乔木。树皮灰色，平滑；多枝，无毛，小枝略曲折，褐色至黑褐色，有柔毛。叶纸质，叶片菱状倒卵形，先端钝，基部楔形。雄花生当年生枝下部；花冠壶形。果单生，球形。花期4—5月，果期9—10月。

◆生长习性：喜光，耐阴、耐旱，喜肥沃湿润土壤。

◆观赏价值：树姿优美，果玲珑可爱。

◆园林应用：适植于庭院、公园及游园等处。

◆形态特征：常绿灌木。幼枝四方形，老枝近圆柱形，被微毛，后渐无毛。叶片纸质至近革质，椭圆形至卵状披针形，少数为长圆状披针形，顶端渐尖，基部钝至急尖，叶面略粗糙，有光泽。花小，黄色或白色。果托坛状，内藏聚合瘦果。花期10月至翌年1月，果期翌年4—7月。

◆生长习性：喜阳光、温暖湿润的环境。

◆观赏价值：花黄色、美丽，叶常绿。

◆园林应用：适植于庭院、公园及居住区等处。

# 蓝雪花 白花丹科蓝雪花属 *Ceratostigma plumbaginoides*

◆形态特征：多年生直立草本。叶宽卵形或倒卵形，先端渐尖或偶而钝圆，基部骤窄而后渐狭或仅渐狭。花冠筒部紫红色，裂片蓝色，倒三角形。花期7—9月，果期8—10月。

◆生长习性：性喜温暖，耐热，不耐寒冷，喜光照，稍耐阴。

◆观赏价值：叶色翠绿，花色淡雅，十分美观。

◆园林应用：适用于道路、立交桥等的环境布置，也可种植于林缘或点缀草坪。

◆形态特征：落叶灌木。树皮灰白色或灰褐色，皮孔凸起；小枝对生，无毛或幼时被疏微毛。叶宽卵状椭圆形、卵圆形或倒卵形。花大，无香气。果托钟状或近顶口紧缩；瘦果长圆形。花期5月中下旬，果期10月上旬。

◆生长习性：喜温暖湿润环境，怕烈日暴晒。

◆观赏价值：花形奇特，色彩淡雅，十分美观。

◆园林应用：适植于公园、庭院、假山旁、大树下、林带边等处。

## 夏蜡梅 蜡梅科夏蜡梅属

*Calycanthus chinensis*

## 毛核木 忍冬科毛核木属

*Symphoricarpos sinensis*

◆形态特征：直立灌木。叶菱状卵形至卵形，上面绿色，下面灰白。花小，无梗，单生于短小、钻形苞片的腋内，花冠白色，钟形。果实卵圆形，蓝黑色。花期7—9月，果期9—11月。

◆生长习性：喜光，耐寒、耐旱。

◆观赏价值：树形小巧，枝条密集下垂，为观果、观叶兼用植物。

◆园林应用：适植于庭院、花境及公共绿地等处。

*Calycanthus floridus* **美国蜡梅 蜡梅科夏蜡梅属**

◆ 形态特征：落叶灌木。幼枝、叶两面和叶柄均密被短柔毛；木材有香气。叶椭圆形、宽楔圆形、长圆形或卵圆形。花红褐色，有香气。果托长圆状圆筒形至梨形，椭圆状或圆球状；瘦果长圆形。花期5—7月。

◆ 生长习性：喜阳光充足的环境，较耐寒。

◆ 观赏价值：红褐色花朵素朴大方，味道香甜馥郁，盛开于绿叶之间，非常美丽。

◆ 园林应用：适植于庭院、假山旁、园林中大树下、林带旁等处。

◆形态特征：落叶灌木。叶纸质，卵形或卵圆形，稀椭圆形，先端渐尖，极少数先端为尾状渐尖，基部阔楔形或近于圆形，边缘具刺状细锯齿。雌雄异株；花小，黄绿色，生于叶面中央的主脉上。花期4—5月，果期8—9月。

◆生长习性：喜阴湿凉爽环境，忌高温、干燥气候。

◆观赏价值：叶上开花结果，十分独特别致。

◆园林应用：适植于植物园、公园等处。

## 青荚叶 山茱萸科青荚叶属 *Helwingia japonica*

*Hibiscus coccineus* **槭葵** 锦葵科木槿属

◆形态特征：落叶灌木。茎直立丛生，半木质化。全株光滑，披白粉。花大，单生于上部枝的叶腋，深红色。花期6—8月，果期8—10月。

◆生长习性：喜温暖、喜阳光，具有一定的耐寒性。

◆观赏价值：植株高大，花大而色艳。

◆园林应用：宜丛植于草坪四周及林缘、路边，也可作为花境的背景材料。

## 枇杷叶荚蒾 忍冬科荚蒾属 *Viburnum rhytidophyllum*

◆形态特征：常绿灌木。叶片革质，先端稍尖或略钝，基部圆形或微心形，全缘或有不明显小齿，上面深绿色有光泽，下面有凸起网纹。聚伞花序稠密，总花梗粗壮；花冠白色。果实红色。花期4—5月，果期9—10月。

◆生长习性：喜温暖湿润环境，喜光，亦较耐阴，喜湿润但不耐涝，对土质的要求不严。

◆观赏价值：树姿优美，叶色浓绿，秋果累累。

◆园林应用：适植于庭院、公园及游园等处。

◆形态特征：落叶灌木。小枝四棱形。掌状复叶对生，小叶片狭披针形，顶端渐尖，基部楔形，表面绿色。聚伞花序排列成圆锥状；花萼钟状，花冠蓝紫色。果实圆球形。花期7—8月。

◆生长习性：适应性强，耐干旱瘠薄，耐盐碱，耐寒性强。

◆观赏价值：蓝色花序大，花朵优雅清香。

◆园林应用：适用于庭院栽植点缀，也可于公园、道路、坡地、林缘两侧栽植。

**穗花牡荆** 马鞭草科牡荆属

***Vitex agnus-castus***

◆形态特征：灌木。全株大部密被柔毛。叶长圆形至倒卵状长圆形，基部楔形，托叶三角形。花雌雄同株或异株。蒴果扁球状。花期4—8月，果期7—11月。

◆生长习性：喜阳光、温暖湿润的环境。

◆观赏价值：株形优美，果实独特。

◆园林应用：适植于庭院、公园及游园。

## 算盘子 大戟科算盘子属

*Glochidion puberum*

# 松红梅 桃金娘科鱼柳梅属

*Leptospermum scoparium*

◆形态特征：常绿灌木。枝条红褐色，较为纤细。叶互生，叶片线状或线状披针形。花有单瓣、重瓣之分，花色有红、粉红、桃红、白等多种颜色。蒴果革质，成熟时先端裂开。自然花期晚秋至春末。

◆生长习性：喜凉爽湿润、阳光充足的环境。

◆观赏价值：叶似松叶，花似红梅，花色艳丽，花形优美。

◆园林应用：适植于庭院、花境等处。

**栓翅卫矛** 卫矛科卫矛属 *Euonymus phellomanus*

◆形态特征：落叶灌木。枝条硬直，常具4纵列木栓厚翅。叶长椭圆形或略呈椭圆倒披针形。聚伞花序2~3次分枝。种皮棕色，假种皮橘红色。花期7月，果期9—10月。

◆生长习性：喜光，亦耐阴，耐瘠薄、耐盐碱。

◆观赏价值：为观果、观花、观枝树种，树姿优美，形态独特，非常美丽。

◆园林应用：可于广场、公园、居住区等地栽植，亦可和其他树种配植于道路、草坪、墙垣及假山石旁。

◆形态特征：常绿灌木。叶大，集生茎顶，叶片纸质或薄革质，叶下密生白色厚绒毛。圆锥花序长，分枝多；花黄白色。果实球形，紫黑色。花期10—12月，果期翌年1—2月。

◆生长习性：喜阳光、温暖湿润的环境，较耐阴。

◆观赏价值：叶片宽大，花序、果序奇特。

◆园林应用：适宜于公路两旁及庭院边缘大乔木下种植，也可用于布置花境。

*Tetrapanax papyrifer* **通脱木** 五加科通脱木属

# 文冠果 无患子科文冠果属

*Xanthoceras sorbifolium*

◆形态特征：落叶灌木。小枝褐红色，粗壮。小叶对生，两侧稍不对称，顶端渐尖，基部楔形，边缘有锐利锯齿。两性花的花序顶生，雄花序腋生，直立，总花梗短；花瓣白色，基部紫红色或黄色。春季开花，初秋结果。

◆生长习性：喜阳，耐半阴、耐瘠薄、耐盐碱，抗寒能力强。

◆观赏价值：树姿秀丽，花序大，花朵稠密，花期长，甚为美观。

◆园林应用：适植于公园、庭院、绿地，孤植或群植。

香根菊 菊科酒神菊属

*Baccharis halimifolia*

◆形态特征：半落叶灌木。茎直立，无毛，高1~3 m，多分枝。单叶互生，厚实，椭圆形、倒卵形或菱形，边缘具粗齿，叶面亮绿，叶背面灰绿色。顶生头状花序，花多，密集；花钟状，白色。花期8—10月。

◆生长习性：喜阳，耐热，喜湿润的环境。

◆观赏价值：枝条挺直，花朵朵丝状，像小毛刷，远看像一丛丝绵，十分壮观。

◆园林应用：适植于庭院、公园及游园等。

# 小丑火棘 蔷薇科火棘属

*Pyracantha fortuneana* 'Harlequin'

◆形态特征：常绿灌木。单叶卵形、倒形或图卵状长圆形，小而密集，叶色丰富，叶面斑纹点点；春、秋两季嫩叶为白、黄、绿相间的花白色，夏季叶色以绿为主，叶缘略带嫩黄，冬季渐变成粉红色，色彩柔和。花期3—5月，果期8—11月。

◆生长习性：喜阳，耐盐碱、耐干旱、耐瘠薄。

◆观赏价值：春秋季叶色花白，夏季叶色嫩黄，冬季叶色粉红，美不胜收。

◆园林应用：适植于道路两侧、公园、游园等作色块、地被、绿篱等处。

◆形态特征：落叶灌木。树皮灰褐色；当年生小枝绿色，密被白色绢状毛，二年生枝褐色；冬芽密被平伏长柔毛。叶倒卵状长圆形，有时倒披针形。花蕾卵圆形，紫色，花白色或淡紫红色，芳香，先叶开放，直立。花期3—4月，果期9月。

◆生长习性：喜光，耐寒性较强，具有一定的抗旱、抗湿能力。

◆观赏价值：株姿优美，小枝曲折，先花后叶，花芳香。

◆园林应用：可于窗前、假山石边、池畔和水旁栽植，还可用于花坛、花境、花篱、花墙布置。

*Yulania stellata* 星花玉兰 木兰科玉兰属

◆形态特征：半常绿灌木。老枝灰褐色。叶厚纸质或带革质，叶片倒卵状椭圆形、椭圆形、圆卵形、卵形至卵状矩圆形，先端短尖或具凸尖，基部圆形或阔楔形，叶柄有刚毛。花先于叶开放或与叶同时开放，芳香，花冠白色或淡红色。果实鲜红色。花期2—4月，果熟期4—5月。

◆生长习性：喜阳光、温暖湿润的环境。

◆观赏价值：枝叶茂盛，花期早而芳香，夏季果红艳。

◆园林应用：适植于庭院、草坪边缘、园路两侧及假山前后等处。

# 郁香忍冬 忍冬科忍冬属 *Lonicera fragrantissima*

# 羊踯躅　杜鹃花科杜鹃花属

*Rhododendron molle*

◆形态特征：落叶灌木。分枝稀疏，枝条直立，幼时密被灰白色柔毛及疏刚毛。叶纸质，长圆形至长圆状披针形。总状伞形花序顶生，先花后叶或与叶同时开放；花冠阔漏斗形，黄色或金黄色，内有深红色斑点。蒴果圆锥状长圆形。花期3—5月，果期7—8月。

◆生长习性：喜凉爽湿润的气候，耐干旱、瘠薄。

◆观赏价值：花朵美丽，颜色鲜艳。

◆园林应用：适植于庭院、公园及游园等处。

# 芫花 瑞香科瑞香属

*Daphne genkwa*

◆形态特征：落叶灌木。树皮褐色，无毛；小枝圆柱形。叶对生，稀互生，纸质，卵形或卵状披针形至椭圆状长圆形，先端急尖或短渐尖，基部宽楔形或钝圆形，边缘全缘。花柱短或无，柱头头状，橘红色。果实肉质，白色。花期3—5月，果期6—7月。

◆生长习性：喜阳光、温暖的环境，耐旱，怕涝。

◆观赏价值：早春开花，花繁色艳。

◆园林应用：适植于公园绿地及花境等处。

## 野扇花 黄杨科野扇花属

*Sarcococca ruscifolia*

◆**形态特征：** 常绿灌木。叶片阔椭圆状卵形、卵形、椭圆状披针形、披针形或狭披针形，叶面亮绿，叶背淡绿。花序短总状；花白色，芳香。果实球形，熟时猩红至暗红色。花果期10月至翌年2月。

◆**生长习性：** 耐阴，喜湿润环境，适应性强，对土壤要求不严。

◆**观赏价值：** 四季常青，花香，果红，十分美观。

◆**园林应用：** 可作林下植被，也可作绿篱。

## 烟管荚蒾 忍冬科荚蒾属 *Viburnum utile*

◆形态特征：常绿灌木。叶下面、叶柄和花序均被由灰白色或黄白色簇状毛组成的细绒毛。叶革质，卵圆状矩圆形，有时卵圆形至卵圆状披针形，先端圆至稍钝，有时微凹。聚伞花序；花冠白色，花蕾时带淡红色。花期3—5月。

◆生长习性：喜光，耐半阴，喜温暖湿润的环境。

◆观赏价值：株形饱满，花形独特。

◆园林应用：适植于公园、居住区及游园等处。

## 云实 豆科云实属

*Caesalpinia decapetala*

◆形态特征：落叶藤本。树皮暗红色；枝、叶轴和花序均被柔毛和钩刺。二回羽状复叶对生，具柄。总状花序顶生，直立，具多花；花瓣黄色，盛开时反卷。荚果长圆状舌形。花果期4—10月。

◆生长习性：喜光，耐半阴，喜温暖湿润的环境。

◆观赏价值：花金黄色，十分鲜艳美丽。

◆园林应用：作绿篱及用于垂直绿化等处。

# 圆锥绣球  虎耳草科绣球属

*Hydrangea paniculata*

◆形态特征：落叶灌木。枝暗红褐色或灰褐色，初时被疏柔毛，后变无毛，具凹条纹和圆形浅色皮孔。叶纸质，2~3片对生或轮生，卵形式椭圆形。圆锥状聚伞花序尖塔形，花白色。花期7—8月，果期10—11月。

◆生长习性：喜阳光和温暖湿润的半阴环境，忌水涝。

◆观赏价值：花白如雪，花序美丽，极具观赏价值。

◆园林应用：适植于庭院、公园及花境。

# 珍珠梅 蔷薇科珍珠梅属

*Sorbaria sorbifolia*

◆形态特征: 落叶灌木。羽状复叶, 小叶片对生, 披针形至卵状披针形, 先端渐尖, 稀尾尖, 基部近圆形或宽楔形。顶生大型密集圆锥花序; 花白色。花期7—8月, 果期9月。

◆生长习性: 喜光, 亦耐阴、耐寒, 对土质的要求不严。

◆观赏价值: 花、叶清丽, 花期长, 十分美丽雅致。

◆园林应用: 适植于公园、公共绿地及游园等处。

## 紫花含笑 木兰科含笑属 *Michelia crassipes*

◆形态特征：常绿灌木。树皮灰褐色。叶革质。花极芳香，紫红色或深紫色。四季有花，盛花期3—6月。

◆生长习性：喜光，耐阴、耐寒。

◆观赏价值：花色艳丽，香味浓郁。

◆园林应用：适植于庭院、公园及花境。

◆形态特征：落叶灌木。叶片卵状长椭圆形至椭圆形，先端长渐尖至短尖，基部楔形，边缘有细锯齿，背面灰棕色。聚伞花序；花冠紫色。果实球形。花期6—7月，果期8—11月。

◆生长习性：喜温暖湿润的环境。

◆观赏价值：株形秀丽，花色绚丽，果实色彩鲜艳，珠圆玉润。

◆园林应用：适植于庭院、公园及游园等处。

*Callicarpa bodinieri* **紫珠** 马鞭草科紫珠属

◆形态特征：落叶灌木。枝条开展成拱形，嫩枝淡红色，老枝灰褐色。叶长椭圆形，叶片紫红色。聚伞花序生于叶腋或枝顶，花朵密集；花冠漏斗状钟形，紫粉色。花期4—10月。

◆生长习性：喜光，抗寒，抗旱，也较耐阴，喜肥沃、湿润、排水良好的土壤。

◆观赏价值：枝叶茂密，紫叶衬红花，非常俏丽。

◆园林应用：可于庭院墙隅、湖畔群植；也可植于林缘作花篱，或于树丛中丛植、配植；还可点缀于假山、坡地。

# 紫叶锦带花 忍冬科锦带花属

*Weigela florida* 'Purpurea'

*Physocarpus opulifolius* '*Purpurea*' **紫叶风箱果** 蔷薇科风箱果属

◆形态特征：落叶灌木。叶三角状卵形，具浅裂，先端尖，基部广楔形，边缘有复锯齿；整个生长季枝叶一直是紫红色，春季和初夏颜色略浅，中夏至秋季为深紫红色。顶生伞形总状花序，花多而密；花白色。花期6—7月，果期9—10月。

◆生长习性：喜光，耐寒，生长力强，不择土壤。

◆观赏价值：树形优美，色彩美丽。

◆园林应用：用于公园、景区、绿地绿化、彩化，可作彩篱。

新特优园林观赏植物的应用 **133**

**矮蒲苇** 禾本科蒲苇属

*Cortaderia selloana* 'Pumila'

◆形态特征：多年生草本。茎丛生。叶聚生于基部，长而狭，下垂，边缘有细齿，具灰绿色短毛。圆锥花序大；雌花穗银白色。花期9—10月。

◆生长习性：性强健，耐寒，喜温暖、阳光充足且湿润的环境。

◆观赏价值：半常绿，花穗长而美丽，极具观赏价值。

◆园林应用：可于公园、庭院或水景边坡种植，赏其银白色羽状穗的圆锥花序。

## 澳洲蓝豆 豆科赝靛属

*Baptisia australis*

◆形态特征：多年生草本。高50~100 cm，茎直立。羽状复叶。花蝶形，蓝色。花期4—5月，果期6—10月。

◆生长习性：喜冷凉和阳光充足的环境，忌闷热潮湿。

◆观赏价值：花蝶形、蓝色，充满神秘色彩。

◆园林应用：适植于花境、花坛或路边。

**北葱** 百合科葱属 *Allium schoenoprasum*

◆形态特征：多年生草本。叶呈尖细长中空圆柱状，丛生。花紫红至淡红色球状，初夏时绽放，香味浓郁。花果期6—8月。

◆生长习性：喜阳光充足的环境。

◆观赏价值：花色素雅，美丽别致。

◆园林应用：适植于花境、花坛、岩石园，也可作疏林下地被等处。

◆形态特征：多年生草本植物。茎粗壮，劲直。叶片狭长圆形或披针形，基部收狭成鞘并抱茎。花大，紫红色或粉红色。花期4—5月。

◆生长习性：喜温暖、阴湿的环境，稍耐寒。

◆观赏价值：花色丰富，美丽可人。

◆园林应用：适植于花境、庭院、公园及游园等处。

## 白及 兰科白及属

*Bletilla striata*

## 玻璃苣 紫草科玻璃苣属

*Borago officinalis*

◆形态特征：一年生或多年生草本芳香植物。全株密生粗毛，株高60~100 cm。茎直中空有棱，近圆形。单叶互生，卵形。聚伞花序，深蓝色，有黄瓜香味，花冠5瓣，雌雄同花，雄蕊鲜黄色，5枚。

◆生长习性：喜光，喜冷凉温和的气候，耐寒。

◆观赏价值：花色独特，优雅别致。

◆园林应用：花坛、花境等。

◆形态特征：多年生草本。具短缩根状茎。叶二列基生，舌状带形，光滑，浓绿色。花葶自叶丛中抽出。蒴果。花期7—9月，果熟期8—10月。

◆生长习性：喜温暖、湿润且阳光充足的环境。

◆观赏价值：株形优美，花色丰富秀丽。

◆园林应用：可作庭院、公园、岩石园和花境的点缀植物。

*Agapanthus africanus* 百子莲  石蒜科百子莲属

# 斑叶芒 禾本科芒属

*Miscanthus sinensis* `Zebrinus`

◆形态特征：多年生丛生状草本。叶片下面疏生柔毛并被白粉，具黄白色环状斑。圆锥花序扇形，秋季形成白色大花序。

◆生长习性：喜光，耐半阴，性强健，抗性强。

◆观赏价值：叶片具黄白色环状斑，观赏效果独特。

◆园林应用：可植于公园、居住区及河道驳岸，可丛植与其他植物搭配。

# *Salvia officinalis* 'Icterina' 斑叶鼠尾草 唇形科鼠尾草属

◆形态特征：多年生草本。绿色叶片上有白色及淡红、褐色的斑纹。

◆生长习性：喜阳光、温暖湿润的气候，喜排水良好的土壤。

◆观赏价值：叶片具不均匀的白色或红褐色斑块，观赏效果好。

◆园林应用：适植于庭院、花境等处。

## 扁叶刺芹 伞形科刺芹属

*Eryngium planum*

◆形态特征：多年生直立草本。茎灰白色、淡紫色至深紫色。基生叶长椭圆形。头状花序着生于每一分枝顶端；花浅蓝色。果实长卵圆形。花果期7—8月。

◆生长习性：适应性强，耐寒、耐干旱，对土质的要求不严格。

◆观赏价值：株形直立，浅蓝色的花开放在夏季，是优良的夏季花境植物。

◆园林应用：用于花境及庭院景观布置，也可做切花和干燥花。

*Silphium perfoliatum* 串叶松香草 菊科松香草属

◆形态特征：多年生宿根草本。叶对生，无柄，叶片大，长椭圆形，茎叶基部叶片相连。头状花序。瘦果。花期6—9月，果期9—10月。

◆生长习性：喜温暖湿润的气候，耐高温，也极耐寒，喜酸性肥沃壤土。

◆观赏价值：植株高大健壮，花量大，花色金黄。

◆园林应用：可作花境的背景材料，也可植于公园、游园等处。

## 草地鼠尾草 唇形科鼠尾草属

*Salvia pratensis*

◆形态特征：多年生草本。茎直立，少分枝，全株被柔毛。基生叶多，具长柄，先端钝，基部心形；茎生叶少，无柄，对生。总状花序；小花轮生，萼片近无柄，花冠亮蓝色，偶有红色或白色。花期6—7月。

◆生长习性：喜光，耐旱，耐阴。

◆观赏价值：株丛秀丽，花色雅致。

◆园林应用：可成丛或成片种植点缀林缘、路边、篱笆，蓝色花是多年生花坛配景、配色不可缺少的材料。

*Phlomis fruticosa* **橙花糙苏** 唇形科糙苏属

◆形态特征：多年生草本。茎木质，具开展的分枝，灰白色，密被贴生星状绒毛。轮伞花序；花冠橙色，外面密被橙色星状柔毛。花期6—9月，果期10—11月。

◆生长习性：喜光，耐旱，耐寒。

◆观赏价值：花大色艳，花叶俱美。

◆园林应用：适植于庭院、公园、花境及游园等处。

## 长筒石蒜 石蒜科石蒜属

*Lycoris longituba*

◆形态特征：多年生草本。具球形地下鳞茎。叶细带状，先端钝，中间有粉绿色带。花葶刚劲直立，花5~7朵成顶生伞形花序；花冠漏斗形，白色。8月抽生花葶，9月开花。

◆生长习性：耐寒性强，喜半阴，也耐暴晒，喜湿润，也耐干旱。

◆观赏价值：花大而洁白，素雅美丽，观赏价值很高。

◆园林应用：可于花境中丛植或于山石间自然式栽植。也可作林下耐阴地被，片植或成丛种植均有良好的效果。

## 翠芦莉 爵床科芦莉草属

*Ruellia simplex*

◆形态特征：多年生草本。茎直立，与叶柄、花序轴和花梗均无毛，等距地生叶，上部分枝。茎下部叶有稍长柄；叶片五角形。总状花序数个组成圆锥花序；花梗斜上展。花期7—8月。

◆生长习性：喜高温，耐酷暑，不择土壤，耐贫瘠力强，耐轻度盐碱土壤。

◆观赏价值：枝叶浓绿，花密雅致。

◆园林应用：花坛、花境及湿地水景等处。

# 彩叶水芹 伞形科水芹属

*Oenanthe javanica* 'Flamingo'

◆形态特征: 多年生草本。茎直立或基部匍匐。基生叶有柄,基部有叶鞘,叶片轮廓三角形,边缘有红色、白色等。复伞形花序顶生。花期6—7月,果期8—9月。

◆生长习性: 喜光,耐水湿,喜温暖湿润环境。

◆观赏价值: 叶形奇特,色彩优美。

◆园林应用: 用于营造湿地水景或植于驳岸边坡。

## 赤胫散　蓼科蓼属

*Polygonum runcinatum var. sinense*

◆形态特征：多年生丛生草本。春季幼株枝条、叶柄及叶中脉均为紫红色，夏季成熟叶片绿色，中央有锈红色晕斑。叶互生，卵状三角形。头状花序常数个生于茎顶，上面开粉红色或白色小花。花期7—8月。

◆生长习性：喜阴湿，耐寒，耐半阴，忌暴晒，抗逆性强，对土壤要求不严。

◆观赏价值：春季萌发时，叶和叶脉为暗紫色，上有白色斑纹，令人赏心悦目。

◆园林应用：可作花境材料，常用于作大面积绿化，或片植于林缘、路边、疏林下。

## 大花葱 百合科葱属

*Allium giganteum*

◆形态特征：多年生球根花卉。根鳞茎肉质，具葱味。叶片丛生，灰绿色，长披针形。伞形花序头状；紫红色。花期春夏季。

◆生长习性：喜凉爽阳光充足的环境，忌湿热多雨气候，忌连作，忌半阴，忌积水。

◆观赏价值：花序大而奇特，色彩鲜亮明快。

◆园林应用：可丛植于花境、岩石旁或草坪中作为点缀。

◆形态特征：二年生或多年生草本。叶互生。头状花序大，小花异形：周围有一层不结实的舌状花；管状花黄棕色或紫褐色，管部短，上部圆柱形。瘦果。花期 7—10 月。

◆生长习性：喜阳光充足的环境，耐寒，又耐旱，对土壤要求不严，但忌水湿。

◆观赏价值：开花早，花期长，花繁色艳。

◆园林应用：适用于庭院布置，可作花坛、花境材料，或植于草地边缘。

**大头金光菊** 菊科金光菊属

*Rudbeckia maxima*

# 大叶仙茅 石蒜科仙茅属 *Curculigo capitulata*

◆形态特征：多年生草本。叶片长圆状披针形或近长圆形，纸质，全缘。总状花序强烈缩短成头状，球形或近卵形，俯垂，苞片卵状披针形至披针形；花黄色。浆果近球形，白色，无喙。花期5—6月，果期8—9月。

◆生长习性：生于林下或阴湿处，喜温暖阴湿环境。

◆观赏价值：株形美观，叶色翠绿。

◆园林应用：适植于庭院、公园及林下地被等。

## 地肤 藜科地肤属

*Kochia scoparia*

◆形态特征：一年生草木。株丛紧密，株形呈卵圆至圆球形、倒卵形或椭圆形。茎基部半木质化，分枝多而细，具短柔毛。单叶互生，叶线形或条形。穗状花序。脆果扁，果皮膜质。花期6—9月，果期7—10月。

◆生长习性：喜温，喜光，耐干旱，不耐寒，对土壤要求不严格，较耐碱性土壤。

◆观赏价值：株形饱满，秋季叶色变红。

◆园林应用：适植于花境、花坛及公园绿地等处。

# 地涌金莲 芭蕉科地涌金莲属 *Musella lasiocarpa*

◆**形态特征：**多年生常绿草本。植株丛生，具水平生长匍匐茎，地上部分为假茎。叶大，长椭圆形，状如芭蕉，但较芭蕉短小。花序莲座状，生于假茎上，苞片黄色，有花两列；花被微带淡紫色。果为浆果。花期8—10月。

◆**生长习性：**喜温暖、阳光充足环境，不耐寒。

◆**观赏价值：**株形奇特，花色金黄，开花时犹如涌出地面的金色莲花，景观十分壮丽。

◆**园林应用：**可营造花境，也适于在庭院中窗前、墙隅、假山石旁配植或成片种植，或盆栽观赏。

# 地榆 蔷薇科地榆属

*Sanguisorba officinalis*

◆形态特征：多年生草本。茎直立，有棱，无毛或基部有稀疏腺毛。基生叶为羽状复叶，有小叶4—6对，叶柄无毛或基部有稀疏腺毛；小叶片有短柄，卵形或长圆状卵形。穗状花序椭圆形。瘦果。花果期7—10月。

◆生长习性：喜阳，耐半阴，喜温暖湿润环境。

◆观赏价值：叶形美观，紫红色穗状花序摇曳于翠叶之间，高贵典雅。

◆园林应用：作花境背景或栽植于庭院、花园供观赏。

## 杜若 鸭跖草科杜若属

*Pollia japonica*

◆形态特征: 多年生直立草本。有细长横走根茎。叶常聚集于茎顶, 顶端渐尖。顶生圆锥花序; 花白色。果圆球形, 成熟时暗蓝色。花期6—7月, 果期8—10月。

◆生长习性: 喜阴湿环境。

◆观赏价值: 叶碧绿、宽大, 花洁白如云, 素雅美丽。

◆园林应用: 可作花境材料, 也十分适宜作为林下地被植物。

## 蜂斗菜 菊科蜂斗菜属

*Petasites japonicus*

◆形态特征：多年生草本。叶基生，有长叶柄，初时表面有毛，叶片心形或肾形。花茎从根部抽出，头状花序排列呈伞房状，黄白色。花果期4—5月。

◆生长习性：极耐阴，在山坡林下、溪谷旁潮湿草丛中生长良好。

◆观赏价值：叶片硕大，白色花序素雅清新。

◆园林应用：可作花境材料或种植于林下作地被。

## 番红花 鸢尾科番红花属 *Crocus sativus*

◆**形态特征**：多年生草本。球茎扁圆球形。叶基生，条形，灰绿色，边缘反卷；叶丛基部包有膜质的鞘状叶。花茎甚短，不伸出地面；花黄色（花有淡蓝等多种颜色），有香味。蒴果椭圆形。

◆**生长习性**：喜冷凉湿润和半阴环境，较耐寒。

◆**观赏价值**：叶丛纤细，花朵娇柔优雅。

◆**园林应用**：是点缀花坛和布置岩石园的好材料。

## 芳香万寿菊 菊科万寿菊属

*Tagetes lemmonii*

◆形态特征：多年生草本。羽状复叶对生。聚伞花序顶生；花金黄色。花期9—11月。

◆生态习性：喜光，耐寒，耐旱，对土壤要求不严。

◆观赏价值：金黄色花序缀满枝条，亮丽耀眼。

◆园林应用：可种植在疏林下和草地边缘，亦可种植在岩石园或应用于花境等处。

# 粉黛乱子草 禾本科乱子草属

*Muhlenbergia capillaris*

◆形态特征：多年生暖季型草本。植株顶端呈拱形。绿色叶片纤细。顶生云雾状粉色花絮。花期9—11月。

◆生长习性：喜光照，耐半阴，耐水湿。耐干旱，耐盐碱。

◆观赏价值：粉紫色花穗如发丝从基部长出，远看如红色云雾，十分壮观。

◆园林应用：适植于公园、游园、驳岸两侧等处。

◆形态特征：多年生草本。基部叶深裂，深绿，柔软，叶柄长。穗状花序；筒状花两性，白色或淡紫色。蒴果椭圆形。花期5—8月，果期10—11月。

◆生长习性：抗旱，耐阴。

◆观赏价值：叶形奇特，花形美观。

◆园林应用：适植于花境、公园及游园等处。

# 蛤蟆花 爵床科老鼠簕属

**Acanthus mollis**

# 禾叶大戟 大戟科大戟属 *Euphorbia graminea*

◆形态特征：多年生草本。茎直立或斜升；表面无毛近光滑，具乳白色汁液。叶互生，呈卵形至椭圆形，表面具柔毛；具叶柄，叶柄亦具柔毛。聚伞花序。果为蒴果。花期春夏季，最长可达 8—10 个月。

◆生长习性：喜阳光、温暖湿润的环境，不耐寒。

◆观赏价值：花如雪花，十分美观。

◆园林应用：适植于花境、岩石园等处。

◆形态特征：多年生草本。地上茎直立，圆柱形，带紫红色，根状茎肉质。叶片轮廓三角形，二回三出全裂，表面绿色，背面具白粉。总状花序，花瓣略呈匙形。花期4—6月。

◆生长习性：耐寒，喜半阴的生境，不耐干旱，喜湿润。

◆观赏价值：叶丛美丽；花朵玲珑，形似荷包，色彩绚丽。

◆园林应用：可布置花境或在树丛、草地边缘湿润处丛植。

**荷包牡丹** 罂粟科荷包牡丹属

*Lamprocapnos spectabilis*

## 黑龙沿阶草 百合科沿阶草属

*Ophiopogon planiscapus* 'Nigrescens'

◆形态特征：多年生常绿草木。植株矮小，高5~10 cm。叶丛生，无柄；叶片线形，黑绿色。浆果蓝色。花色白。花期5—8月，果期8—9月。

◆生长习性：喜半阴，抗旱。

◆观赏价值：株形低矮，优美雅致。

◆园林应用：适植于花境、花坛，或作林下地被。

◆形态特征：一年生草本。茎有疏短毛，中上部多分枝。叶一回或二回羽状深裂，裂片细，茎下部的叶有柄。花单生枝顶，花萼淡蓝色。蒴果椭圆球形。花期6—7月，果期8月。

◆生长习性：喜冷凉气候，忌高温、高湿。

◆观赏价值：叶形奇特，花蓝色、雅致。

◆园林应用：适植于公园、花境、花坛及游园。

*Nigella damascena* 黑种草 毛茛科黑种草属

◆形态特征：多年生常绿草本。叶片倒卵状披针形，基部圆形或心形，叶缘波状，叶脉血红色。圆锥花序顶生，雌雄同株。花期6—8月。

◆生长习性：喜阳，亦耐半阴，较耐寒，耐水湿，喜肥沃及排水良好的土壤。

◆观赏价值：为彩叶地被植物，十分美观。

◆园林应用：适用于布置花境边缘，或盆栽观赏。

# 红脉酸模 蓼科酸模属

*Rumex sanguineus*

# 华东唐松草 毛茛科唐松草属

*Thalictrum fortunei*

◆形态特征：多年生草本。茎自中下部分枝。基生叶及下部茎生叶具长柄；小叶片草质，下面粉绿色，顶生小叶片近圆形，边缘具浅圆齿。单岐聚伞花序分枝少，圆锥状；花白色或淡蓝紫色。瘦果圆柱状长圆形。花期3—5月。果期7—8月。

◆生长习性：喜阳，又耐半阴，生长于林下或草甸的潮湿环境中，对土壤要求不严。

◆观赏价值：花量多，花色清新雅致。

◆园林应用：可植于花境、庭院作地被。

## 忽地笑 石蒜科石蒜属 *Lycoris aurea*

◆形态特征：多年生草本。鳞茎卵形。秋季出叶，叶剑形。伞形花序；花黄色，花被裂片强反卷和皱缩。蒴果。花期8—9月，果期10月。

◆生长习性：喜阳光和潮湿的环境，耐半阴和干旱，稍耐寒，对土壤要求不严格。

◆观赏价值：花形奇特，花叶不同放，奇特而瑰丽。

◆园林应用：可于花境中丛植或于山石间自然式栽植，在园林中可作为林下地被花卉。

## 换锦花 石蒜科石蒜属

*Lycoris sprengeri*

◆形态特征：多年生草本。鳞茎卵形。早春出叶，叶带状。伞形花序；花淡紫红色，雄蕊与花被近等长。蒴果。花果期8—9月。

◆生长习性：喜阳光充足、潮湿的环境，稍耐寒，对土壤要求不严格。

◆观赏价值：花淡紫红色，雅致秀丽。

◆园林应用：可于花境中丛植或于山石间自然式栽植，在园林中可作为林下地被花卉。

# 花叶薄荷 唇形科薄荷属

*Mantha rotundifolia* ‘Variegata’

◆形态特征：多年生常绿草本，株高 30 cm。叶对生，椭圆形至圆形，叶色深绿，叶缘有较宽的乳白色斑。花粉红色。花期 7—9 月。

◆生长习性：喜光，喜湿润，耐寒，喜中性沙质土壤。

◆观赏价值：色彩丰富，优雅美丽。

◆园林应用：可作花境材料或盆栽观赏，也可作观叶地被植物。

## 花叶菖蒲  天南星科菖蒲属

*Acorus calamus* `Variegatus`

◆ **形态特征**：多年生常绿草本。根茎横走，外皮黄褐色。叶茎生，剑状线形，叶片纵向近一半宽为金黄色。肉穗花序斜向上或近直立；花黄色。浆果长圆形，红色。花期3—6月。

◆ **生长习性**：喜光又耐阴，喜湿润，耐寒，不择土壤，忌干旱。

◆ **观赏价值**：叶色斑驳，端庄秀丽。

◆ **园林应用**：可植于水景岸边及用于水体绿化，也可作盆栽观赏或用于布景。

# 黄斑大吴风草 菊科大吴风草属

*Farfugium japonicum* 'Aureomaculatum'

◆形态特征：多年生葶状草本。叶全部基生，莲座状，有长柄。头状花序辐射状，2~7朵排列成伞房状花序；舌状花8~12朵，黄色。花果期8月至翌年3月。

◆生长习性：喜半阴和湿润环境，耐寒，忌阳光直射。

◆观赏价值：为观叶、观花兼用植物。

◆园林用途：可植于花境及作林下地被。

*Alpinia zerumbet* 'Variegata' **花叶艳山姜** 姜科山姜属

◆形态特征：多年生草本。叶具鞘，长椭圆形，两端渐尖。圆锥花序呈总状，花序下垂，花蕾包藏于总苞片中；花白色，边缘黄色，顶端红色，唇瓣广展，花大而美丽并具有香气。花期4—6月，果期7—10月。

◆生长习性：喜阳，耐半阴，喜温暖湿润环境，较耐寒。

◆观赏价值：叶色艳丽，花香气浓郁，清秀雅致。

◆园林应用：可植于景观山石旁、绿地边缘及庭院一角等处，也可作为室内花园点缀植物。

## 花叶玉蝉花　鸢尾科鸢尾属

*Iris ensata* ‘Variegata’

◆形态特征：多年生草本。叶条形，叶片上有白色条纹。花茎圆柱形，花深紫色。花期6—7月，果期8—9月。

◆生长习性：喜温暖湿润环境，耐寒，喜水湿。对土质要求的不严。

◆观赏价值：叶形优美，绿白相间；花色艳丽。

◆园林应用：可营造水景，植于池旁、湖畔点缀及作花境材料。

# 花叶蒲苇 禾本科蒲苇属

*Cortaderia selloana* `Variegata`

◆ **形态特征**：多年生草本。秆高大粗壮，丛生，高2~3m。雌雄异株；圆锥花序大型稠密，银白色至粉红色。花期7—9月。

◆ **生长习性**：喜光，耐干旱，忌涝，耐半阴。

◆ **观赏价值**：叶带金边，花序大而稠密，可观叶、观花。

◆ **园林应用**：在园林中常丛植观赏，或作花境背景材料。

## 花叶芒 禾本科芒属 *Miscanthus sinensis* ‘Variegatus’

◆形态特征：多年生草本。具根状茎，丛生，展开度与株高相同。叶片呈拱形向地面弯曲，浅绿色，有奶白色条纹，条纹与叶片等长。圆锥花序深粉色。花期9—10月。

◆生长习性：喜光，耐半阴，耐寒，耐旱，也耐涝，不择土壤。

◆观赏价值：株形优美，可观叶、观花。

◆园林应用：适植于花坛、花境、岩石园，可作假山、湖边的背景材料。

## 花叶燕麦草  禾本科燕麦草属

*Arrhenatherum elatius* 'Variegatum'

◆形态特征：多年生常绿宿根草本。须根发达。茎簇生，株丛高度一致。叶线形，叶片中肋绿色，两侧呈乳黄色，夏季两侧由乳黄色转为黄色。圆锥花序狭长。

◆生长习性：喜光，亦耐阴，喜凉爽湿润气候。

◆观赏价值：常年色叶，优雅别致。

◆园林应用：可成片栽植，也可植于岩石园、小路旁作点缀。

## 花叶络石 夹竹桃科络石属 *Trachelospermum jasminoides* 'Flame'

◆形态特征：常绿木质藤本。具乳汁；小枝、嫩叶柄及叶背面被有短绒毛，老枝叶无绒毛。叶对生，卵形，革质，顶端锐尖至渐尖或钝，叶面有不规则白色或乳黄色斑点，老叶近绿色或淡绿色，新叶一般第1对为粉红色，第2~3对为纯白色，从新叶到老叶白色成分逐渐减少，有数对斑状花叶。茎有不明显皮孔，具气生根，匍匐生长，节节生根。

◆生长习性：喜光，又耐阴，喜湿润环境，耐干旱。

◆观赏价值：色彩斑斓，艳丽优雅。

◆园林应用：适植于庭院、公园、居住区、广场、坡地等处。

# 花叶山菅兰 百合科山菅属

*Dianella ensifolia* 'Marginata'

◆形态特征：多年生常绿草本。叶线形，革质。花序顶生；花青紫色或绿白色。浆果紫蓝色，球形，成熟时犹如蓝色宝石。花果期3—8月。

◆生长习性：喜光，亦耐阴，耐瘠薄，适应性强。

◆观赏价值：株形优美，花色优雅。

◆园林应用：适植于庭院、公园及游园、花境等处。

◆形态特征：多年生草本。株形优美，叶片羽状深裂，芳香，叶色黄绿相间，在阳光下十分醒目。花期8—9月，果期9—11月。

◆生长习性：喜阳，耐瘠薄，耐干旱，不择土壤。

◆观赏价值：叶色黄绿相间，在阳光下十分醒目。

◆园林应用：适植于花境、花坛，以及岩石园等瘠薄土地。

# 黄金艾蒿 菊科蒿属

*Artemisia vulgaris* `Variegate`

## 黄金菊 菊科黄蓉菊属

*Euryops pectinatus*

◆形态特征：多年生草本。茎具分枝。叶片长椭圆形，羽状分裂，裂片披针形，全缘，绿色。头状花序；舌状花及管状花均为金黄色。瘦果。花期春季至夏季。

◆生长习性：喜温暖及阳光充足的环境，喜湿润，耐寒，耐瘠薄。

◆观赏价值：花色金黄，花期长，为优良观花植物。

◆园林应用：可用于花境、花坛绿化，也可用作地被植物。

# 黄水仙 石蒜科水仙属

*Narcissus pseudonarcissus*

◆形态特征：多年生草本。叶绿色，略带灰色，基生，宽线形，先端钝。花茎挺拔，顶生1花，花朵硕大，花横向或略向上开放，副花冠呈喇叭形，花瓣淡黄色、白色等。花期3—4月。

◆生长习性：喜温暖、湿润、阳光充足的环境。

◆观赏价值：花朵鲜黄靓丽，清香诱人。

◆园林应用：适植于花境、花坛、岩石园及驳岸边坡等处，可片植。

*Kniphofia uvaria* **火炬花** 百合科火把莲属

◆ 形态特征：多年生草本。茎直立。叶丛生，草质，剑形。总状花序着生数百朵筒状小花，呈火炬形；花冠橘红色。花果期6—10月。

◆ 生长习性：喜温暖、阳光充足的环境，对土质的要求不严。

◆ 观赏价值：花形、花色犹如燃烧的火把，点缀于翠叶丛中，具有独特的园林风韵。

◆ 园林应用：可植于花境、花坛，也可丛植于草坪中或植于假山石旁作配景。

## 霍州油菜 豆科野决明属 *Thermopsis chinensis*

◆ 形态特征：多年生草本。茎直立，分枝，具沟棱。小叶倒卵形或线状披针形。总状花序顶生，花互生，苞片卵形，下面被疏柔毛，萼钟形。花期4—5月，果期6—7月。

◆ 生长习性：喜光，耐半阴，耐旱，耐盐碱。

◆ 观赏价值：花浓密，色彩鲜艳。

◆ 园林应用：适植于花境、公园及公共绿地等处。

◆形态特征：多年生草本。茎直立，丛生，节略膨大。单叶对生，叶片卵状椭圆形。聚伞花序；花橙红色。花期5—6月，果期9—10月。

◆生长习性：喜湿润环境，耐寒。

◆观赏价值：花色橙红，优雅。

◆园林应用：适用于花境、花坛、岩石园布置，也可片植于林缘或疏林下。

## 剪春罗 石竹科剪秋罗属

*Lychnis coronata*

# 姜花 姜科姜花属 *Hedychium coronarium*

◆形态特征：多年生草本。叶片为长椭圆形，中肋紫红色。穗状花序，上部苞叶为桃红色阔卵形不育苞片，下部为蜂窝状绿色苞片，内含紫白色小花。花期6—10月。

◆生长习性：喜温暖湿润、阳光充足的环境。

◆观赏价值：花大而色艳、花形独特，可观花、赏叶。

◆园林应用：适植于花境、花坛及游园等。

*Gymnospermium kiangnanense* **江南牡丹草** 小檗科牡丹草属

◆形态特征：多年生草本。根状茎近球形，断面黄色；地上茎直立或外倾。叶片生于茎顶，羽状复叶；小叶草质，上面淡绿色，背面粉绿色。总状花序顶生；花黄色。花期3—4月，果期4—5月。

◆生长习性：喜湿润气候，耐寒。

◆观赏价值：花黄色，颇为美观。

◆园林应用：适植于花境、花坛，或作林下地被植物。

# 金丘松叶佛甲草 景天科景天属

***Sedum mexicanum* ‘Gold Mound’**

◆形态特征：多年生草本。植株低矮，匍匐地面生长。叶片金黄色，枝叶生长茂盛。花金黄色。花期5—6月。

◆生长习性：喜光，耐旱，耐热，耐涝，耐寒。

◆观赏价值：叶片靓丽，花开时遍地金黄，色艳。

◆园林应用：适植于屋顶绿化草坪，路旁、场区、小区、广场、街心花园、屋顶各地裸露的空地，是可用于花境、花坛布景的优良植物。

# 金叶甘薯 旋花科番薯属

*Ipomoea batatas* 'Golden Summer'

◆形态特征：多年生草本。具块根。全植株终年呈鹅黄色，生长茂盛。叶片较大，犁头形。

◆生长习性：耐热性好，盛夏生长迅速，不耐寒。

◆观赏价值：叶色金黄，美观雅致。

◆园林应用：可用于花坛色块布置，也可盆栽悬吊观赏。

◆ 形态特征：多年生草本。高可达 25～50 cm。叶互生，每株茎叶5～7片，线形或披针形。花序顶生，伞形；花瓣紫色。花期6—10月。

◆ 生长习性：生性强健，耐寒，在华北地区可露地越冬。

◆ 观赏价值：株形奇特秀美；叶色金黄；花茎直立，节明显，花蓝紫色，3片花瓣托出毛茸茸的雄蕊，分外俏丽。

◆ 园林应用：在园林中多作为林下地被，既能观花观叶，又能吸附粉尘、净化空气。

## 金叶紫露草 鸭跖草科紫露草属 *Tradescantia* 'Sweet Kate'

*Lamprocapnos spectabilis* 'Gold Heart'  金叶荷包牡丹  罂粟科荷包牡丹属

◆形态特征：多年生草本。株高 30~60 cm。地上茎直立，圆柱形，金黄色，根状茎肉质。叶片金黄色，小裂片通常全缘。

◆生长习性：喜阳光充足、温暖湿润的环境，不耐干旱。

◆观赏价值：叶丛美丽，花朵玲珑，形似荷包，色彩绚丽。

◆园林应用：适于在庭院、居住区等处布置花境和在树丛、草地边缘湿润处丛植，景观效果较好。

## 金叶藿香 唇形科藿香属

*Agastache rugosa* `Golden Jubilee`

◆**形态特征**：多年生草本。株高 50～100 cm。叶对生，卵形至长披针形，基部心形，先端渐尖或急尖，叶缘有钝齿。穗状花序；花冠蓝紫色或白色，二唇形，有薄荷香气。花期6—7月，果期10—11月。

◆**生长习性**：喜阳光充沛、湿润的环境。

◆**观赏价值**：全草具芳香，叶色金黄，观赏性佳。

◆**园林应用**：适植于花境、庭院，也可于河岸、山石边、墙垣边栽培观赏。

## 金丝薹草 莎草科薹草属

*Carex oshimensis* 'Evergold'

◆形态特征：多年生常绿丛生草本。叶细条形，两边为绿色，中央有黄色纵条纹。穗状花序。花期4—5月。

◆生长习性：喜温暖湿润和阳光充足的环境，耐半阴，怕积水，对土质要求不严。

◆观赏价值：叶片金黄的条纹极富观赏性。

◆园林应用：可成片种植，也可用于草坪、花坛、园林小路镶边。

## 金疮小草 唇形科筋骨草属 *Ajuga decumbens*

◆形态特征：多年生草本。茎直立，密被灰白色绵毛状长柔毛，幼嫩部分尤密。轮伞花序至顶端呈一密集的穗状聚伞花序；花冠蓝紫色或蓝色，筒状。小坚果倒卵状三棱形。花期4—5月，果期5—6月。

◆生长习性：喜半阴和湿润的气候，耐涝，耐旱，耐阴，也耐暴晒。

◆观赏价值：株形紧凑，秋季霜后叶色变红。

◆园林应用：可作花境材料，也可成片种植于林下、湿地等处。

◆形态特征：多年生草本。鳞茎卵球形。基生叶常数枚簇生，线形，扁平。花单生于花茎顶端，下有佛焰苞状总苞，总苞片常带淡紫红色。花期6—9月。

◆生长习性：喜温暖、湿润、阳光充足环境，亦耐半阴，也耐干旱，耐高温。

◆观赏价值：花喇叭状，形似水仙，盛花时红艳美丽。

◆园林应用：适植于花坛、花境和草地边缘作点缀。

# 桔梗 桔梗科桔梗属 *Platycodon grandiflorus*

◆**形态特征**：多年生草本。叶全部轮生、部分轮生至全部互生。花单朵顶生或数朵集成假总状花序；花冠大，蓝色、紫色或白色。花期7—9月。

◆**生长习性**：喜凉爽气候，耐寒，喜阳光。

◆**观赏价值**：花苞似铃铛，开放时紫色或白色，素雅美丽。

◆**园林应用**：可于庭院种植或点缀花境，也可以成片种植。

◆形态特征：多年宿根草本。茎直立，有分枝，被白色短糙毛或刚毛。叶通常对生，有叶柄，但上部叶互生，下部叶卵圆形或卵状椭圆形。头状花序单生于枝端；舌状花黄色。花期8—9月。

◆生长习性：耐寒，抗旱，耐瘠薄，对土质的要求不严。

◆园林价值：花色鲜艳，美丽而大气。

◆园林应用：适植于庭院、公园及游园等。

# 聚合草 紫草科聚合草属

*Symphytum officinale*

◆形态特征：多年生草本。全株被向下稍弧曲的硬毛和短伏毛。茎数条，直立或斜升，有分枝。基生叶具长柄，叶片带状披针形、卵状披针形至卵形。花冠淡紫色、紫红色至黄白色。花期5—10月。

◆生长习性：耐寒，又抗高温，也耐半阴。

◆观赏价值：繁花似锦，美丽异常。

◆园林应用：适植于花境、庭院，也可植作地被。

## 林荫银莲花 毛茛科银莲花属

*Anemone flaccida*

◆形态特征：多年生草本。植株低矮。叶片薄草质，五角形，基部深心形，三全裂。萼片5枚，白色或粉红色。花期3—5月。

◆生长习性：喜凉爽、潮润、阳光充足的环境，较耐寒。

◆观赏价值：叶形雅致，叶色青翠，花姿柔美，花色白或粉红，玲珑可爱。

◆园林应用：适用于花境、花坛布置，也宜成片栽植于疏林下、草坪边缘。

## 蓝羊茅 禾本科羊茅属 *Festuca glauca*

◆形态特征：常绿草本。叶子直立平滑，叶片强烈内卷，几成针状或毛发状，大多呈蓝色，具银白霜。圆锥花序。花期5月。

◆生长习性：喜光，耐寒，耐旱，耐贫瘠，稍耐盐碱。

◆观赏价值：春秋季叶蓝色，优雅别致。

◆园林应用：适用于花坛、花境镶边。

## 柳枝稷 禾本科黍属

*Panicum virgatum*

◆形态特征：多年生草本。根茎被鳞片。秆直立，质较坚硬。叶片线形，两面无毛或上面基部具长柔毛。圆锥花序开展。花果期6—10月。

◆生长习性：喜光，耐旱，不择土壤。

◆观赏价值：株形优美，飘逸美观。

◆园林应用：适植于花境、驳岸边坡等处。

# 龙芽草 蔷薇科龙芽草属 *Agrimonia pilosa*

◆形态特征：多年生草本。叶为间断奇数羽状复叶，叶柄被稀疏柔毛或短柔毛；小叶片无柄或有短柄，顶端急尖至圆钝，边缘有急尖到圆钝锯齿，上面被疏柔毛。穗状总状花序顶生，花序轴被柔毛；花瓣黄色。果实倒卵圆锥形。花果期5—12月。

◆生长习性：喜光线充足、湿润的环境。

◆观赏价值：叶新奇特，花美丽。

◆园林应用：适植于花境、公园及游园等处。

## 落新妇 虎耳草科落新妇属

**Astilbe chinensis**

◆形态特征：多年生草本。根状茎暗褐色，粗壮。基生叶为二至三回三出羽状复叶；顶生小叶片菱状椭圆形，侧生小叶片卵形至椭圆形。圆锥花序长。果期6—9月。

◆生长习性：喜半阴，性强健，耐寒，在湿润的环境中生长良好。

◆观赏价值：株形紧凑，花色丰富，优美雅致。

◆园林应用：适植于花境、花坛及岩石园等处，也可植于疏林下及林缘、墙垣半阴处，还可植于溪边和湖畔。

## 麦秆菊 菊科蜡菊属 *Xerochrysum bracteatum*

◆形态特征：一年或二年生草本。茎直立。叶长披针形至线形，全缘，基部渐狭窄，上端尖。头状花序单生于枝端；花有黄色或白、红、紫色。瘦果无毛。花期7—9月。

◆生长习性：喜光，不耐寒，忌酷热，喜温暖湿润环境。

◆观赏价值：花色丰富，优雅可爱。

◆园林应用：适植于花境、花坛及岩石园等处。

## 毛蕊花 玄参科毛蕊花属

*Verbascum thapsus*

◆形态特征：二年生草本。全株被密而厚的浅灰黄色星状毛。基生叶和下部的茎生叶倒披针状长圆形，先端渐尖。穗状花序圆柱状，花密集；花梗短。蒴果卵圆形。花期6—8月，果期7—10月。

◆生长习性：喜阳光、湿润的环境。

◆观赏价值：花密集，色彩鲜艳。

◆园林应用：适用于公园、坡地及草地点缀等。

## 美国薄荷 唇形科美国薄荷属 *Monarda didyma*

◆形态特征：多年生草本。茎直立，四棱形。叶质薄，对生，卵形或卵状披针形，背面有柔毛，缘有锯齿，芳香。轮伞花序于茎顶密集成头状花序；花朵淡紫红色。花期7月。

◆生长习性：喜凉爽、湿润、向阳的环境，亦耐半阴，耐寒，不择土壤。

◆观赏价值：叶芳香，花色优美。

◆园林应用：适植于花境、公园及游园等处。

*Stachys byzantina* **绵毛水苏** 唇形科水苏属

◆形态特征：多年生草本。茎直立，四棱形，密被灰白色丝状绵毛。基生叶及茎生叶长圆状椭圆形，两端渐狭，边缘具小圆齿，质厚，两面均密被灰白色丝状绵毛。轮伞花序多花；花紫红色。未成熟小坚果长圆形。花期7—9月。

◆生长习性：喜光，耐寒。

◆观赏价值：银灰色的叶片柔软而富有质感，观花、观叶俱佳。

◆园林应用：可植于花境、岩石园、庭院供观赏。

# 墨西哥鼠尾草 唇形科鼠尾草属

*Salvia leucantha*

◆形态特征：一年生或多年生草本。茎直立，四棱状，全株被柔毛。叶对生，有柄，披针形，叶缘有细钝锯齿，略有香气。花序总状，被蓝紫色茸毛；花冠唇形，蓝紫色，花萼钟状并与花瓣同色。花期8—10月。

◆生长习性：喜温暖湿润气候及阳光充足的环境，不耐寒。

◆观赏价值：花叶俱美，花期长。

◆园林应用：可于公园、庭院等路边、花坛栽培供观赏。

## 木贼 木贼科木贼属

*Equisetum hyemale*

◆ 形态特征：多年生常绿草本。根状茎粗短，黑褐色，横生地下，节上生黑褐色的根。茎直立，不分枝或仅于基部分枝，中空，有节，表面灰绿色或黄绿色，有纵棱多条，粗糙。

◆ 生长习性：喜阳光、潮湿的环境。

◆ 观赏价值：茎绿色，四季常青，优雅美观。

◆ 园林应用：适植于花境、湿地，也可营造水景等处。

## 欧亚香花芥 十字花科香花芥属

*Hesperis matronalis*

◆形态特征：多年生或二年生草本。叶缘锯齿状，椭圆至披针形，暗绿色。总状花序；花白色、淡紫色或紫色。长角果圆柱线形。花果期5—7月。

◆生长习性：喜光照充足、又稍耐阴的环境。

◆观赏价值：花蓝紫色，亮丽而清新，十分雅致。

◆园林应用：适用于花境、花坛及公园绿化等处。

## 蒲苇 禾本科蒲苇属

*Cortaderia selloana*

◆形态特征：多年生草本。根状茎发达，秆粗大直立。叶鞘长于节间，无毛或颈部具长柔毛。雌雄异株；圆锥花序极大型，分枝稠密，斜升；雌小穗具丝状长柔毛，雄小穗无毛。颖果细小，黑色。花果期9—12月。

◆生长习性：喜温暖，喜水湿，耐寒性不强。

◆观赏价值：茎秆高大挺拔，形状似竹。

◆园林用途：可植于水系岸坡作为背景，也可成丛点缀于桥头、山石旁。

# 柠檬草 禾本科香茅属

*Cymbopogon citratus*

◆ **形态特征**：多年生密丛型草本，具香味。秆粗壮，节下被白色蜡粉。叶鞘无毛，不向外反卷，内面浅绿色；叶舌质厚；叶片顶端长渐尖，平滑或边缘粗糙。总状花序。

◆ **生长习性**：喜阳，耐旱，耐瘠薄。

◆ **观赏价值**：叶片柔软，飘逸潇洒。

◆ **园林应用**：适植于花境、花坛及岩石园等处。

# 千叶吊兰 蓼科千叶兰属

*Muehlenbeckia complexa*

◆形态特征：多年生常绿藤本，呈匍匐状。茎红褐色或黑褐色。叶小，互生，心形或近圆形，先端尖，基部近截平。花小，黄绿色。

◆生长习性：喜温暖湿润的环境，喜阳，亦耐阴，耐寒性强，适应性强。

◆观赏价值：株形饱满，枝叶婆娑。

◆园林应用：可植于花台、花境，也可于室内以花篮或花盆种植，美化室内外环境。

# 柔毛路边青 蔷薇科路边青属 *Geum japonicum var. chinense*

◆形态特征：多年生草本。茎直立。基生叶为大头羽状复叶，通常有小叶 2~6 对。花序顶生，疏散排列；花瓣黄色。聚合果卵环形或椭球形。花果期 7—10 月。

◆生长习性：喜温暖湿润的气候，稍耐阴。

◆观赏价值：叶形奇特；花黄色，优雅别致。

◆园林用途：适于在林缘及路边种植，也可以在疏林下成片种植作地被。

214　Xin-Te-You Yuanlin Guanshang Zhiwu De Yingyong

## 柔软丝兰 龙舌兰科丝兰属

*Yucca filamentosa*

◆形态特征：多年生常绿灌木。茎短。叶基部簇生，呈螺旋状排列，叶片质坚。圆锥花序；花杯形，下垂，白色，外缘绿白色，略带红晕。花期7—10月。

◆生长习性：喜阳光充足及通风良好的环境，又极耐寒冷。

◆观赏价值：叶春夏季呈金黄色，十分美丽。

◆园林应用：可植于花坛中心或围绕在花坛边缘，也可作屋顶绿化材料，可孤植、群植、片植，还可盆栽观赏。

## 蛇鞭菊 菊科蛇鞭菊属 *Liatris spicata*

◆形态特征：多年生草本。茎基部膨大呈扁球形，地上茎直立。株形锥状。基生叶线形。因多数小头状花序聚集成长穗状花序，呈鞭形而得名。小花为紫色或白色。瘦果。花期7—8月。果期9—10月。

◆生长习性：耐寒，耐水湿，耐瘠薄，喜阳光充足、气候凉爽的环境。

◆观赏价值：花茎挺立，花色清丽。

◆园林应用：适植于花坛、花境和庭院。

# 深蓝鼠尾草 唇形科鼠尾草属

*Salvia guaranitica* `Black and Blue`

◆形态特征：多年生草本。叶有浓郁的香味。花蓝紫色至粉紫色，有香味。花期5—11月。

◆生长习性：喜阳光充足的环境。

◆观赏价值：植株高大，花深蓝色，美丽。

◆园林应用：适植于庭院、公园、花境及游园等处。

# 水鬼蕉 石蒜科水鬼蕉属

*Hymenocallis littoralis*

◆形态特征：多年生草本。具鳞茎。叶基生，倒披针形，先端急尖。花葶硬而扁平，实心；伞形花序无柄；花绿白色，有香气。花期夏末秋初。

◆生长习性：喜温暖湿润、阳光充沛的环境，不耐寒，喜肥沃土壤。

◆观赏价值：叶姿健美，花形别致。

◆园林应用：适用于庭院布置或作花境、花坛绿化材料。

**宿根六倍利** 桔梗科半边莲属

*Lobelia speciosa*

◆形态特征：多年生草本。茎枝细密。茎上部叶较小成披针形，近基部的叶稍大，成广匙形，叶互生。花顶生或腋出，花冠先端五裂，形似蝴蝶展翅，花色有红、桃红、紫、紫蓝、白等色。

◆生长习性：喜全日照半遮阴环境。

◆观赏价值：花形奇特，花色丰富艳丽。

◆园林应用：适植于花海、花境、花坛等。

◆形态特征：多年生草本。茎单生或数支丛生，直立或上升。叶对生，茎基部的常密集聚生。花序长穗状；花梗几乎没有；花为紫色或蓝色。幼果球状矩圆形，上半部被多细胞长腺毛。花期7—9月。

◆生长习性：喜光，耐寒，耐半阴。

◆观赏价值：叶形美观，花色丰富。

◆园林应用：适植于花境、花坛、路旁，也可点缀于山坡草坪。

# 穗花 车前科兔尾苗属

*Pseudolysimachion spicatum*

### 糖蜜草 禾本科糖蜜草属

*Melinis minutiflora*

◆形态特征: 多年生草本。秆多分枝，基部平卧，于节上生根，上部直立。叶鞘短于节间，疏被长柔毛和瘤基毛。圆锥花序开展，弓曲。颖果长圆形。花果期7—10月。

◆生长习性: 喜阳，耐旱，对土质要求不严。

◆观赏价值: 株形优雅，飘逸潇洒。

◆园林应用: 适植于花境、花坛、岩石园及道路边坡等处。

# 天蓝鼠尾草 唇形科鼠尾草属

*Salvia uliginosa*

◆形态特征：多年生草本。地上部分丛生。茎近于木质。叶对生，灰银色，椭圆形，有锯齿，叶柄较长，上密布白色绒毛，触感犹如天鹅绒，有浓郁的香味。花轮生于茎顶花序上；花蓝紫色至粉紫色，有香味。花果期6—10月。

◆生长习性：喜温暖、阳光充足的环境，抗寒，有较强的耐旱性。

◆观赏价值：花色繁多、鲜艳。

◆园林应用：适植于庭院、建筑物前、岩石园及各类公园绿地，成片栽植或布置混合花境均宜。

## 铁筷子 毛茛科铁筷子属

*Helleborus thibetanus*

◆形态特征：多年生常绿草本。基部有 2~3 个鞘状叶。花 1~2 朵生茎或枝端，在基生叶刚抽出时开放。花期 4 月，果期 5 月。

◆生长习性：耐寒，喜半阴、潮湿环境，忌干冷。

◆观赏价值：叶色墨绿，花及叶奇特。

◆园林应用：适植于庭院、公园及游园等。

# 庭菖蒲 鸢尾科庭菖蒲属

*Sisyrinchium rosulatum*

◆形态特征：一年生草本。叶基生或互生，狭条形，基部鞘状抱茎，顶端渐尖，无明显的中脉。花序顶生；花淡紫色。花期5月，果期6—8月。

◆生长习性：喜阳光充沛、温暖湿润的环境，耐半阴。

◆观赏价值：株形矮小，花色优雅。

◆园林应用：适植于道路两侧及驳岸边坡等处。

**兔儿伞** 菊科兔儿伞属

*Syneilesis aconitifolia*

◆形态特征：多年生草本。茎直立，单一。根生叶幼时伞形，下垂；茎生叶互生，叶柄长，叶片圆盾形，掌状分裂。头状花序多数，密集呈复伞房状；花冠淡粉白色。瘦果圆柱形。花期7—9月，果期9—10月。

◆生长习性：喜温暖湿润及阳光充足的环境，耐半阴，耐寒，耐瘠薄，不择土壤。

◆观赏价值：初生叶像一把雨伞，十分独特。

◆园林应用：可作花境材料，也可于林缘或观赏石旁种植，十分美观。

# 西番莲 西番莲科西番莲属 *Passiflora caerulea*

◆形态特征：草质藤本。茎圆柱形并微有棱角，无毛。叶纸质，基部心形，掌状5深裂，中间裂片卵状长圆形。聚伞花序退化，仅存1花，与卷须对生；花大，淡绿色。浆果卵圆球形至近圆球形，熟时橙黄色或黄色。花期5—7月，果期7—9月。

◆生张习性：喜阳光充沛、温暖的环境。

◆观赏价值：花果俱美，花大而奇特，既可观花，又可赏果，是一种十分理想的庭院观赏植物。

◆园林应用：适植于庭院、居住区及公园，用于廊架等绿化。

*Leucojum aestivum* **夏雪片莲** 石蒜科雪片莲属

◆形态特征：多年生草本。具球根。基生叶数枚，绿色，宽线形，先端钝。花茎与基生叶同时抽出。伞形花序，下有佛焰苞状总苞片；花梗长短不一，花下垂，花被片白色，顶端有绿点。花期春季。

◆生长习性：喜光，耐半阴，喜湿润环境。

◆观赏价值：花色素雅，玲珑可爱。

◆园林应用：适植于花境、花坛、岩石园，也可作林下地被。

## 细叶银蒿 菊科蒿属 *Artemisia schmidtiana*

◆形态特征: 多年生草本, 有时呈半灌木状。茎、枝、叶两面及总苞片背面密被银白色、淡灰黄色略带绢质的绒毛。

◆生长习性: 喜光, 耐热, 耐旱。

◆观赏价值: 叶纤细, 银灰绿色, 优雅别致。

◆园林应用: 是极好的镶边及地被植物, 可种植在花坛或花境中。

## 小盼草 禾本科小盼草属

*Chasmanthium latifolium*

◆形态特征：多年生半常绿草本。茎直立，紧密丛生。叶绿色。花穗风铃状。

◆生长习性：喜阳，稍耐阴，不择土壤。

◆观赏价值：风铃状花穗低垂，随风拂动，煞是可爱。

◆园林应用：适宜于花境、花坛、林缘、水边等处片植或成丛点缀。

# 雄黄兰 鸢尾科雄黄兰属

*Crocosmia × crocosmiflora*

◆形态特征：多年生草本。球茎扁圆球形，外包有棕褐色网状的膜质包被。叶多基生，剑形，基部鞘状，顶端渐尖。穗状花序；花两侧对称，橙黄色。蒴果三棱状球形。花期7—8月，果期8—10月。

◆生长习性：喜阳光充足环境，耐寒，耐干旱。

◆观赏价值：花色艳丽，十分美观。

◆园林应用：适植于花境、花坛，也可成片栽植于街道绿岛、建筑物前、草坪上、湖畔等。

*Gazania rigens* **勋章菊** 菊科勋章菊属

◆形态特征：多年生草本。叶由根际丛生，叶片披针形或倒卵状披针形，叶背密被白毛，叶形丰富。头状花序单生；小花有舌状花和管状花两种，花色丰富多彩，有白、黄、橙红等色，花瓣有光泽，花心处多有黑色、褐色。花期5—10月。

◆生长习性：性喜温暖向阳环境，耐旱，耐热，耐贫瘠土壤。

◆观赏价值：花形奇特，花色丰富，形似勋章，十分美观。

◆园林应用：适植于庭院、花境、花坛或草坪边缘。

◆形态特征：多年生草本。茎直立，单生或少数茎呈簇生。全部叶有柄，两面异色，上面绿色，下面白色或灰白色。头状花序。花果期8—9月。

◆生长习性：喜凉爽和通风良好、阳光充足、地势高燥的环境。

◆观赏价值：株形饱满；花繁茂，金黄亮丽。

◆园林应用：适植于花坛、花境、假山旁、路缘、草坪绿地等处。

## 亚菊 菊科亚菊属

*Ajania pallasiana*

◆形态特征：多年生草本。根状茎粗壮，肉质，具鳞片。单叶均基生，厚而大，全缘或具齿，具小腺窝；叶柄基部具宽展的托叶鞘。聚伞花序圆锥状，具苞片；花较大，白色、红色或紫色。

◆生长习性：耐阴，耐干旱，耐寒。

◆观赏价值：花叶俱美，冬春季开花。

◆园林应用：适植于花境、花坛、岩石园、山坡、林下，也可用于立体绿化。

## 岩白菜 虎耳草科岩白菜属

*Bergenia purpurascens*

## 野天胡荽 伞形科天胡荽属

*Hydrocotyle vulgaris*

◆形态特征：多年生挺水或湿生草本。植株具有蔓生性，节上常生根。茎顶端呈褐色。叶互生，具长柄，圆盾形，缘波状，草绿色。伞形花序；小花两性，白色。花期6—8月。

◆生长习性：喜温暖，怕寒冷，耐阴，耐湿，稍耐旱。

◆观赏价值：叶色翠绿，姿态优美。

◆园林应用：适植于水景岸线带、边坡等处。

◆形态特征：多年生常绿草本。枝叶密集；新梢柔软，具灰白柔毛。叶银灰色。花黄色，如纽扣。花期6—7月，果期7—9月。

◆生长习性：喜光，耐热，耐干旱，耐瘠薄，忌土壤湿涝。

◆观赏价值：叶色清雅，株形美观。

◆园林应用：适植于庭院的路边、山石旁、岩石园、花坛，也可植作低矮绿篱。

◆形态特征：一年生草本，株高可达3m。叶片宽条形，基部几呈心形，叶暗绿色并带紫色。圆锥花序紧密呈柱状。颖果倒卵形。花期夏季，果期秋季。

◆生长习性：喜阳光充足、湿润的环境。

◆观赏价值：叶色雅致，果穗优美。

◆园林应用：可于公园、绿地的路边，水岸边，山石边或墙垣边片植供观赏。

## 御谷 禾本科狼尾草属

*Pennisetum glaucum*

*Hypericum sampsonii* 元宝草 藤黄科金丝桃属

◆形态特征：多年生草本。茎单一或少数，圆柱形，无腺点，上部分枝。叶对生，无柄，其基部完全合生为一体而茎贯穿其中心，或宽或狭的披针形至长圆形或倒披针形。花序顶生，多花，伞房状。蒴果宽卵形或卵球状圆锥形。花期5—6月，果期7—8月。

◆生长习性：喜光，耐旱，不择土壤。

◆观赏价值：叶新奇特似元宝，十分美观。

◆园林应用：适植于花境、庭院及游园等处。

# 窄叶蓝盆花 川续断科蓝盆花属

*Scabiosa comosa*

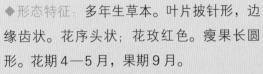

◆形态特征：多年生草本。叶片披针形，边缘齿状。花序头状；花玫红色。瘦果长圆形。花期4—5月，果期9月。

◆生长习性：喜光线充足、干燥的环境。

◆观赏价值：花色丰富，淡香雅致。

◆园林应用：适植于花境、花坛及游园等处。

## 蜘蛛抱蛋 百合科蜘蛛抱蛋属

*Aspidistra elatior*

◆形态特征：多年生常绿草本。根状茎近圆柱形，具节和鳞片。叶单生，矩圆状披针形、披针形至近椭圆形，先端渐尖，基部楔形，边缘多少皱波状，两面绿色，有时稍具黄白色斑点或条纹；叶柄明显，粗壮。

◆生长习性：喜温暖湿润的半阴环境，较耐寒，极耐阴。

◆观赏价值：姿态优美，淡雅美丽。

◆园林应用：适植于花境、公园、庭院及游园等处。

# 浙贝母 百合科贝母属 *Fritillaria thunbergii*

◆形态特征：多年生草本。茎单一，直立，圆柱形。叶无柄；茎下部的叶对生，罕互生，狭披针形至线形，中上部的叶常3~5片轮生；叶片较短，先端卷须状。花淡黄色。蒴果。花期3—4月，果期5月。

◆生长习性：喜温和湿润、阳光充足的环境。

◆观赏价值：株形优美，花色独特。

◆园林应用：适植于花境、花坛、岩石园及游园。

**紫花地丁** 堇菜科堇菜属

*Viola philippica*

◆形态特征：多年生草本。无地上茎。叶片呈三角状卵形或狭卵形。花紫堇色或淡紫色，稀呈白色。蒴果长圆形。花果期3—5月。

◆生长习性：喜阳光和湿润的环境，耐阴，也耐寒，不择土壤。

◆观赏价值：株丛紧密，花色优雅。

◆园林应用：适用于营造花境或与其他早春花卉构成花丛。

## 紫穗狼尾草 禾本科狼尾草属

*Pennisetum orientale* `Purple`

◆形态特征：多年生草本。叶片深绿色，线形。圆锥花序直立，深紫色。花期8—11月。

◆生长习性：喜光，耐高温，耐旱，耐寒性强，不耐荫蔽，不择土壤。

◆观赏价值：株形优美，花序开放，飘逸美观。

◆园林应用：适植于公园、花境、湿地及驳岸等处。

## 紫叶车前 车前科车前属

*Plantago major* 'Purpurea'

◆形态特征：多年生宿根草本。根茎短缩肥厚，密生须状根。无茎，叶全部基生，叶片紫色，薄纸质，卵形至广卵形，边缘波状，叶基向下延伸到叶柄。春、夏、秋三季从株身中央抽生穗状花序；花小，花冠白色。

◆生长习性：喜向阳、湿润的环境，耐寒，耐旱，耐湿。

◆观赏价值：为彩叶地被植物。

◆园林应用：适植于花境、花坛，也可作地被植物。

◆形态特征：多年生灌木状草本。叶紫色，枝条柔嫩，直立性好。花期4—6月。

◆生长习性：喜阳，稍耐阴，耐寒。

◆观赏价值：叶彩色，自然成球，极具观赏价值。

◆园林应用：可孤植、可片栽，是庭院绿化、营造花境的上好材料。

## 紫叶马蓝 爵床科马蓝属

*Strobilanthes anisophyllus* `Brunetthy`

## 紫叶山桃草 柳叶菜科山桃草属

*Gaura lindheimeri* 'Crimson Bunny'

◆形态特征：多年生宿根草本。全株具粗毛。多分枝。叶片紫色，披针形，先端尖，缘具波状齿。穗状花序顶生，细长而疏散；花小而多，粉红色。花期5—11月。

◆生长习性：耐寒，喜凉爽及半湿润环境，也喜阳光充足的环境。

◆观赏价值：花繁叶茂，婀娜轻盈。

◆园林应用：适植于花园、公园、绿地中的花坛、花境，也可作地被植物群栽，用于点缀草坪效果甚好。

# 紫叶鸭儿芹 伞形科鸭儿芹属 *Cryptotaenia japonica* `Atropurpurea`

◆**形态特征**：多年生草本。茎呈叉式分枝。叶片紫红色，广卵形，中间小叶片菱状倒卵形，顶端短尖，基部楔形，两侧小叶片斜倒卵形，茎上部的叶无柄，小叶片披针形。花序呈圆锥形。果圆钝，果棱细线状。花期4—5月，果期6—10月。

◆**生长习性**：喜光，耐阴，喜湿润环境。

◆**观赏价值**：色泽艳丽，观赏价值较高。

◆**园林应用**：可作林下地被，也可植于公园、游园等处。

## 紫芋 天南星科芋属

*Colocasia esculenta* `Tonoimo`

◆形态特征：多年生湿生草本。具块茎。叶由块茎顶部抽出；叶柄圆柱形，向上渐细，紫褐色；叶片盾状，卵状箭形，深绿色，基部具弯缺，侧脉粗壮，边缘波状。花黄色，顶部带紫色。花期7—9月。

◆生长习性：喜高温，耐阴，耐湿，基部浸水也能生长。

◆观赏价值：植株挺拔，叶片巨大，茎秆紫色，优美大气。

◆园林应用：可成片种植于浅水区或岸边湿地，构成田园风光和野趣景观。

◆形态特征：多年生匍匐草本。茎直立。苞片叶状；花冠蓝色或蓝紫色。小坚果斜卵球形。花果期5—8月。

◆生长习性：喜温暖湿润气候，喜林下半阴的生长环境。

◆观赏价值：花蓝紫色，耀眼夺目。

◆园林应用：可作花境材料，也可于疏林下、荫蔽的岩石旁栽培，丛植或片植最佳。

## 梓木草 紫草科紫草属

*Lithospermum zollingeri*

## 棕叶狗尾草 禾本科狗尾草属

*Setaria plicata*

◆ 形态特征：多年生草本，高 100 cm 左右。直立或基部倾斜。叶片质薄，椭圆状披针形或线状披针形。花果期 8—12 月。

◆ 生态习性：喜阴湿环境。

◆ 观赏价值：叶片宽大，株丛丰满，姿态潇洒优美。

◆ 园林应用：可丛植于景石旁，片植于坡地，应用于花境和花坛，均有较好的景观效果。